喜歡的事

The Snow Peak Way

スノーピーク「好きなことだけ！」を仕事にする経営

山井 太 著　日經Top Leader 編

目次

Introduction
朝著「正北方」持續前進 7
讓企業宗旨成為「經營的羅盤」 8

Chapter 1
狂熱粉絲的支持 15
「Snow Peaker」是如何誕生的？ 16
圍著露營焚火與使用者直接對談 30
在社群網站上充分交流，跨越「灌爆」危機 40
徹底解說●Snow Peak Way 48

新潟縣三條市的Snow Peak總公司入口。這是全國Snow Peaker的嚮往之地。

用十倍價格的帳篷展開生意

集點卡是培養粉絲的起點之一，但若說顧客是「因為有集點卡，才成為Snow Peak的粉絲」，可就不然了。集點卡的設計有助於成為粉絲的人更加享受Snow Peak的世界，說穿了不過是加快培養粉絲的速度而已。

那麼，培養粉絲的核心是什麼呢？我認為是提供與其他公司截然不同的差異化產品與服務。因此，企業宗旨才明確地揭示「我們要站在顧客的角度思考，互相提供能感動人心的體驗價值」。基於這樣的宗旨打造的優質產品與概念，讓顧客逐漸成為粉絲。雖然單純，但這才是真正的起點。

在這裡出一道簡單的謎題給大家。我在八六年進入家父擔任社長的Snow Peak之後，生產的頭一頂帳篷價格是多少？

給個提示。在八〇年代後半的戶外用品市場中，帳篷大致上只有九千八百日圓與一萬九千八百日圓兩種價位。在我這個熱愛戶外活動的人看來，九千八百日某人想去露營，在量販店購買其他公司的戶外用品，可是一下子就壞了；他不死心，又去運動用品店購買價位更高一點的產品試用，但還是不行。就在他煩惱該如何是好時，周圍的 Snow Peak 使用者告訴他「這個牌子和其他公司的產品不一樣」，於是他便買來使用，一用之下才知道 Snow Peak 的產品有多好——這樣的案例不在少數。

已經成為使用者的戶外活動愛好者在朋友開始露營的時候，往往會強力推薦 Snow Peak 的產品。核心粉絲帶來新粉絲，有時候甚至比員工更加積極推廣 Snow Peak 產品。這是使用者對我們的產品與服務產生感動的結果，而我們絕不能背叛他們的期待。因此，Snow Peak 今後也會繼續不知變通地堅持企業宗旨。

圍著露營焚火與使用者直接對談

從培養粉絲的面向來看，Snow Peak 的特徵在於顧客與身為經營者的我、員工及 Snow Peak 這家公司的距離很近。重度使用者的長相及姓名我大多記得，使用者也很熟悉我和員工。就這層意義而言，我們或許稱得上是「坦誠相見的公司」。公司與顧客之間不設防火牆，是其他戶外用品公司沒有的特徵。

為了拉近與顧客之間的距離，我們實施了兩個重點措施。

一個是舉辦露營活動「Snow Peak Way」。這是顧客與 Snow Peak 員工一起露營同樂的活動，能夠直接傳達 Snow Peak 的魅力與目標方向，因此以企業宗旨的名稱命名。面對面交流，讓顧客深入參與 Snow Peak。

與AKB48的共通點

這個活動始於九八年，已經持續了十七年以上。現在每年在全國各地舉辦六次，很受歡迎，想參加必須抽籤才行。為了讓大家盡興而歸，最近都是以三天兩夜的形式為中心；這樣第二天才可以忘掉紮營與拔營，從早晨起床的那一瞬間到就寢為止，盡情享受戶外活動的醍醐味，與大家交流。

核心使用者常參加這個活動。除非有特殊理由，否則我也一定會參加，和顧客面對面，談天說地。活動的重頭戲是太陽下山以後圍著焚火進行的「焚火對話交流」。在分享戶外活動心得的同時，我也會請顧客針對產品進行多方面的品評，透過直接交流，縮短與顧客之間的距離。

每年的參加人數合計約五千人，截至目前的參加人次約達七萬五千人。我認為「這個數字應該相當接近Snow Peak的核心使用者數」。如果我的想法是正確的，代表我幾乎和所有顧客都見過一次以上的面。這樣的社長能有幾個？當然，我並不是每天光顧著露營就好，還有身為經營者的工作要做。能和使用者有這麼多的交集，是因為我的工作與生活廣泛重疊之故。

聽說當紅偶像團體ＡＫＢ48的中心概念即是「見得到面的偶像」。就這層意義而言，Snow Peak也可說是「見得到面的公司」。這並不是我自己想出來的，而是某本知名商業雜誌刊登的特輯扉頁是ＡＫＢ48，內文開頭則是Snow Peak，才讓我產生這樣的聯想。對我而言，為了不迷失自己的目標方向，每年和幾千位使用者直接見面的機會是無可取代的寶貴歡樂時光。

活動中也會舉辦供所有參加者同樂的遊戲。比如親自動手折紙飛機，比賽誰扔得遠的「紙飛機大賽」，無論大人小孩都充滿歡笑，無論誰贏誰輸都玩得很開心。如果我的紙飛機飛得很遠，就會有人要我教他怎麼折，讓我們跨越了顧客與製造商之間的藩籬。

我們投注了公司的大量能量與資源在這個活動之上，員工也會全面性地參與。員工本來就都是喜愛戶外活動的人，一到露營的時候，「身體就會自然動起來」。我們從不計算花費在活動上的費用，也不依靠辦活動賺錢。露營費用雖然是由參加者自行負擔，但活動本身的營業額是零。對於員工而言，這算是假日出勤，事後可以補休，而公司當然也付出了成本。

活動期間不在會場銷售產品

雖然會在露營地會場展示新產品，但這個活動的目的並不在於營業或促銷，因此員工從不在現場對參加者推銷產品。如果顧客有想買的產品，就請他事後去門市買。雖然也有人跟我說「這麼好的機會，不賣產品太可惜了」，但我不這麼想。這個活動的定位始終是「與使用者交流的場合」。舉個例子，員工告訴參加者「我做的是某某產品」，便會獲得「這個產品很好用，很棒」或「希望改良這一點」等回饋意見。如果顧客覺得產品不好，有時也會嚴詞批評。我和員工也是戶外用品使用者，能夠切實體會參加者的感受，進而改良產品。

員工可以透過這種體驗實際感受到Snow Peak是個「讓顧客幸福」的公司，

也可以了解到「Snow Peak 是個深受顧客喜愛、並獲得顧客支持的公司」。透過活動，我們知道「誰是真正的顧客」。被使用者當面稱讚或斥責的機會十分可貴，有許多事是要透過直接交流才能明白的。

我希望看在顧客眼裡，活動中的我是個「一起露營的朋友」或「平時常在露營地遇見的人」，最理想的狀態是「這麼一提，這個人是 Snow Peak 的社長」。我充其量「只是個參加露營的人，和其他人沒兩樣」，雖然「經營了 Snow Peak 這家公司，生產產品」，但是「基本上仍舊與其他參加者一樣，是個戶外活動愛好者」——對於我而言，站在這樣的立場與使用者交流，才是最好的。

有些經營者不和使用者直接交流，但是我正好相反，會積極地與顧客對話，有時還會巡迴各個帳篷，和顧客一起喝酒。我並不覺得「麻煩」，因為我認為這就是我扮演的角色。我的工作簡而言之，即是連結自然與人，連結人與人。透過露營活動 Snow Peak Way，許多正好相鄰的家庭變成了朋友。人生中，真正的朋友是無價之寶，沒有任何事物可以取代。人與人透過 Snow Peak 相連，我的人生

社長室的門總是開著的。採開放式設計，從外頭也能看見工作的樣子。

任務就完成了，這是件很值得開心的事。

能夠實際感受到「帶給顧客幸福」的產業並不多，不過Snow Peak做得到。既然是企業，經營者最終當然必須考量如何提升營業額，但是在那之前，Snow Peak知道自己從事的是具備社會意義的事業。與員工共享這個理念，有助於維持工作的高度幹勁。

連六年業績下降的危機正是轉機

不過，老實說，「Snow Peak Way」活動並不是打一開始就帶有這種意識。雖然使用者與Snow Peak直接交流的環境漸趨完備，但是起初舉辦活動的目的並不是客戶關係管理；現在的形式，是自然成形的。要問好處在哪裡，就是我和員工可以在活動會場直接聆聽顧客的意見，縮短Snow Peak與真正顧客——也就是使用者之間的距離，並促使使用者參與Snow Peak。現在回想起來，當初開辦露營活動Snow Peak Way的理由，似乎正是因為不明白「Snow Peak究竟是什麼」、「存在意義為何」。

在八八年 Snow Peak 帶動汽車露營風潮之前，日本的戶外活動是以登山為中心。截至八〇年代後半，在日本提到戶外活動，指的幾乎都是登山，而這也是業界的常識。另一方面，當時汽車的全年車輛登記數約有十%是四輪傳動的ＳＵＶ。這種車款銷售量特別好，嚮往戶外活動的人也非常多，然而登山以外的戶外活動卻乏人問津。

那是個不可思議的時代。在這樣的氛圍之中，我只靠著十五個員工就想改變社會，拓展新生意。結果，我們成功地掀起風潮，一舉開拓了搭乘ＳＵＶ去野外露營的需求。五年後，日本的汽車露營人口達到了二千萬人。九三年的營業額達到二十五億五千萬日圓，經常利益達到三億五千萬日圓。這就是 Snow Peak 改變時代潮流的第一個案例。

然而，風潮退去之後，Snow Peak 便陷入營業額驟降的狀況之中。擔任社長的家父過世一年後，家母繼任社長，業績連三年下降；後來換我就任社長，但業績依然持續下降。不知不覺間，已經連續六年獲利衰退，營業額下降至十四億五千萬日圓；雖然經常利益還有四千萬日圓，前程卻是一片黯淡。

另一方面，舉凡山地健行、獨木舟、自行車，戶外用品業界總是會有某種風潮盛行。以產品為例，有些年流行羽絨衣，有些年流行搖粒絨；許多零售店都是專賣當年流行的產品，風潮一旦退去，需求就跟著消失無蹤了。我訪問零售店的時候，也吃過好幾次閉門羹：「露營的風潮已經結束了，Snow Peak 不必再來了。」漸漸地，我開始感到迷惘：「Snow Peak 還有存在於社會上的意義嗎？」員工也有同樣的念頭。

「接下來該怎麼辦？」我如此思考，發現當時露營活動已經因為風潮結束而從日本各地消失了。這時候，有個員工說道：「雖然不清楚我們的存在意義是什麼，不過一看到使用者，工作幹勁就來了。」這句話讓我萌生了「那就和使用者一起在 Snow Peak 露營吧」的念頭，並開始構思活動。照亮我們的去路的，正是使用者。然而，在雜誌上刊登「和 Snow Peak 一起露營吧」的全頁廣告，卻只有三十組人報名參加。迴響雖然小，我們還是硬著頭皮實施，在九八年舉辦了第一屆Snow Peak Way。

現在成了例行活動的焚火對話交流也是從這個時候開始的。和參加者一起圍著照亮黑暗的焚火，談天說地。具體的經營改革靈感正是在這時候誕生的（我會在之後的章節詳述），因此Snow Peak才能有今天。這個活動對於我和員工都別具意義，與在場使用者代表之間的近距離支持著Snow Peak。透過產品，和顧客重新建立雙贏關係，使得營業額再度升高。受到戶外用品業界不景氣的影響，九三年巔峰期到二〇〇九年之間，Snow Peak的營業額一直逐年縮減，但是二〇〇〇年至二〇一三年間卻保持著增收增益的基調。

在社群網站上充分交流，跨越「灌爆」危機

拉近使用者距離的另一招，就是善用網際網路。

露營活動雖然可以直接和使用者對話，卻有物理上的限制，無法天天舉辦。有沒有辦法可以日常性地加深和顧客之間的交流呢？在這個考量之下成立的，即是社群網站「Snow Peak 俱樂部」（http://kanshin.snowpeak.co.jp/）。

只要上網註冊，任何人都可以自由參加。舉凡「產品評論」、「戶外料理食譜」、「推薦露營地」等等，不但可以自行建立關於戶外活動的討論串，也可以自由閱覽其他顧客的討論串，進行留言。許多使用者都是在週末露營，因此每到星期一，各式各樣的討論串就會如雨後春筍一樣大量湧現，大家一同分享「用了

這個產品，覺得○○」、「我去△△露營地露營」等親身體驗。

有人發問：「我不知道該買這個產品還是那個產品，這種情況下買哪個比較好？」就有人回覆：「以我的情況來說……」像這樣，透過社群網站，顧客站在「同為Snow Peak產品使用者」的立場，自發性地進行互動。截至目前，共有三萬六千個討論串（二〇一四年三月），意見交換相當踴躍。

Snow Peak俱樂部使用的是「關心空間」的系統，原型始於九三年，至今已經過了二十多個年頭。當時沒有臉書或推特，周圍也沒有可以效法的公司或網站，但我察覺到網路的強大可能性，直覺認為「或許可以建立良好的社群」，因此才成立了Snow Peak俱樂部。

截至二〇一四年三月，註冊會員約有七萬人。這個數字和參與露營活動Snow Peak Way的顧客人次七萬五千人頗為接近，因此我解讀為「大多數顧客參加了現實中舉辦的活動，也加入了社群網站」。

面對嚴厲的批評，也要懇切對話

社群網站有時會因為誤會而被「灌爆」。我從不用消極的態度來看待這樣的事態，反而更加重視懇切的溝通。比方說，因為匯率變動，材料費大幅上漲而調漲產品價格時，使用者紛紛發出批判之聲，甚至有部分使用者「灌爆」網站。具體的情況是有顧客嚴詞批判「漲價吃相太難看」，而員工在社群網站上回覆「成本上升，無可奈何」；之後員工和顧客又持續溝通了好一陣子。當時，我一直在觀察事態的發展，待各方意見盡出之後，便留下了這段留言：「選擇權在於使用者。請正確行使消費者的選擇權。」

成本上漲，稍微調整價格是正當的行為。如果覺得貴，不買就行了；而如果覺得即使是這個價格也還算值得，就繼續購買。若是產品賣不出去，Snow Peak 就必須接受這個事實——透過社群網站傳達這個意思之後，有許多顧客還是繼續選用 Snow Peak 的產品。

家父創業時的招牌放在總公司
的參觀路線中展示。我們十分
珍惜一路走來的歷史。

我認為，當時大家應該都親自感受到了Snow Peak在社群網站上與使用者懇切交流、對話的態度。社群網站可以提供互動性資訊，對於企業是種有益的工具。

我們用來縮短與顧客間距離的資訊工具，並不是只有Snow Peak俱樂部而已。比如許多企業使用的臉書同樣是主要的宣傳工具之一，我們也試著在臉書上建立社群。截至二〇一四年五月，已經有約六萬人按「讚」，在戶外用品品牌之中可說是首屈一指。

近來有許多公司透過資訊科技強化與顧客之間的關係，但不順利的案例依然時有耳聞。有的是招募不到參加者，有的是無法維持起初的盛況，有的甚至在不知不覺間成了「開店休業」狀態。相較之下，Snow Peak能夠經營得如此順利，還是得歸功於現實生活中同時舉辦的露營活動。資訊工具與現實活動互為表裡，才能牢固地連結使用者與公司。

露營地成了新的溝通場所

由於狂熱粉絲很多，Snow Peak近來常被外部行銷人員評為「公司外圍形成穩固的社群，是個社群品牌」。

舉個例子，聞名全球的美國摩托車製造商哈雷大衛森（HARLEY-DAVIDSON）即是這類品牌的代表。在哈雷，顧客彼此認識，一起騎車出遊，是「其他公司模仿不來的社群」象徵。其實同樣的情形也常在Snow Peak出現，透過社群網站交流的顧客在全國各地聚集，一同到野外露營。

關於社群的深化，我有一套假說：那就是戶外活動在社會裡扮演的新角色。

就如同「左鄰右舍」這句話所說，從前每個人的生活都與地域社會或社區緊密相連，然而，最近這種地域的社群意識卻變得越來越薄弱。就拿家人來說，父親平日幾乎都不在家，週末也大多是累得呼呼大睡，在家中越來越沒有存在感；小孩則是忙著準備考試或是花大把時間打電玩，家人的相處模式也有了很大的改變。

相較之下，參加露營活動 Snow Peak Way，家人齊聚一堂，在同一個露營地裡共度三天的時光。這時候，若是發生了「晚餐的配菜煮太多了，該怎麼辦？」的情況，便會自然而然地贈送食物給隔壁帳篷，而獲贈的家庭隔天也會回贈一道早餐菜餚，如此一來，雙方都覺得鄰人是「友善的家庭」，要不了多久，小孩就玩在一塊，父母也一起喝酒，結為朋友；漸漸地，朋友就會越來越多。

從前發生在日本地域社群裡的事重現於露營地中。這正是 Snow Peak 化為媒介，組成社群的意義。來自東京的參加者與來自大阪的參加者在靜岡的 Snow Peak Way 相識，結為長年好友，而契機正是身為「Snow Peak 的粉絲」。一個連接一個，社群逐漸拓展開來。如此一來，顧客也會認定 Snow Peak 是個特別的品牌，將 Snow Peak 的活動「當成自己的事，而不是別人家的事」；而這也造就了 Snow Peak 事業擴大的結果。

由使用者起頭，傳承露營文化

擁有社群的效果不只如此。來自 Snow Peak 以外的資訊也會化為露營文化，流傳開來。

在 Snow Peak 的露營活動或週末的露營地，常可以看到老手教導新手戶外活動知識。這不是公司的請求或呼籲，而是顧客在交流過程中的自發性行為。這樣的文化讓使用者的人生變得更豐富。

換句話說，使用 Snow Peak 的產品，讓使用者互相連繫起來，朋友變多，人生也變得更加精采。要建立這樣的圈子，粉絲與公司保持近距離是很重要的。

徹底解説 Snow Peak Way

參加露營活動「Snow Peak Way」，在太陽下山、天色變暗之後，參加者、Snow Peak的山井社長與員工便會聚集到焚火邊，展開「焚火對話交流」。這一天，山井社長親自解說公司的發展歷程。

活動期間拍攝了許多照片。除了自然風景與活動花絮以外，還有所有參加者的紀念照。

參加者以家庭居多，也有夫妻或單獨報名者，樣態多元。

Snow Peak在這個宣傳詞裡灌注了「讓人的心靈暫時找回野性」的理念。

※ 讓野遊成為人生的一部分

在晚上的焚火對話交流時間，與參加的使用者一邊喝酒一邊談論產品，分享戶外活動的心得。

若受到參加者的邀請，山井社長原則上都會拜訪所有帳篷，與大家促膝長談。

提倡SUV汽車露營已有二十五年。活動中，和大家一起享受露營之樂。

Snow Peak Way的例行紙飛機大賽是大人小孩都能同樂的活動。這一天，比的不是誰飛得比較遠，而是誰比較接近目標。

Chapter 2

創造與
製造之魂

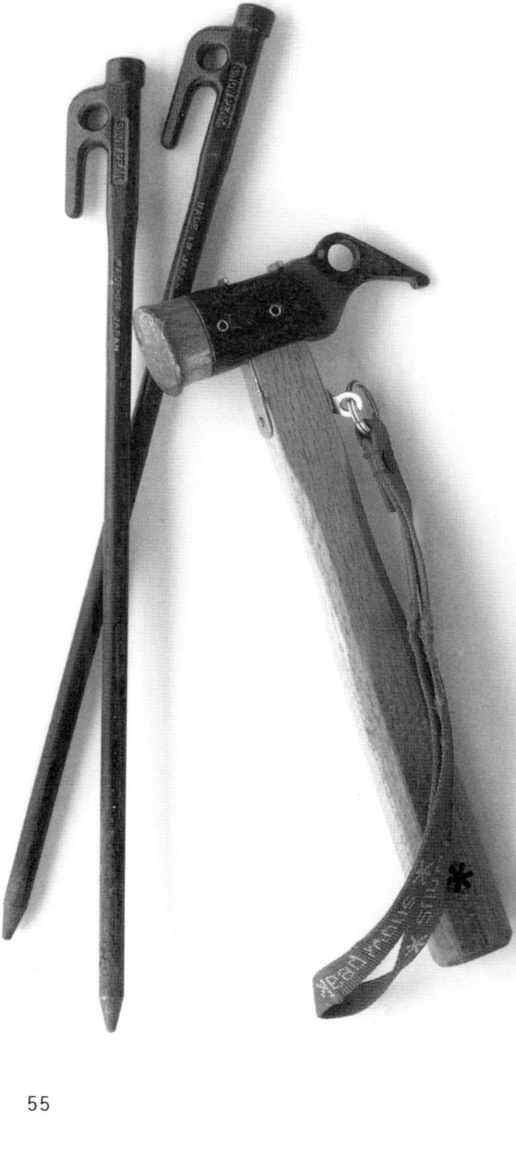

產品全都是永久保固，這是身為製造商的本分

Snow Peak的產品沒有保證書。

這不是產品不保固的意思。正好相反，不訂保固期限，產品永久保固。打從一開始就是這個方針，所以不必另外附上保證書。

聽到永久保固，有的人會大吃一驚：「真的做得到嗎？」然而，身為製造商，我對自家產品的品質有信心，這麼做是理所當然的。保固對象是生產上的缺陷，比如Snow Peak產品的零件若是脫落，屬於生產上的缺陷，我們會免費修好。

不過，材料有使用界限，因此材料本身的摩擦或經年劣化造成的損壞不在保

固對象之內。永久保固所需的少許成本會事先列入會計科目的服務費用之中。

透過宣言，明確傳達我們對於產品的堅持

永久保固的根本構想來自於企業宗旨的「站在顧客的角度思考」。Snow Peak 追求的是真正地站在使用者的角度設想。

身為使用者，我在使用戶外用品的時候，最討厭兩種情況；一種是產品損壞，另一種是產品不好用。站在使用者的角度，我下定決心，「絕不做這樣的產品」。我想將這個想法傳達給顧客，但是任憑我如何強調「做得很堅固」、「是創新產品」，顧客也不見得能夠體會。既然如此，不如用簡潔有力的「永久保固」四字來表達，不但可收到差異化之效，顧客也一聽就懂。

以帳篷用的營釘為例來進行說明吧！

營釘是用來將帳篷的繩索固定在地面上的樁，而 Snow Peak 的產品「鍛造強化鋼營釘」是以鍛造技術製成的，比其他公司的產品更加強韌。從前的營釘都是

用鋁或塑膠製成的，稍微敲打一下就會歪掉。大家都滿不在乎地銷售這種功能不完善的產品，而由於市場上只有這種產品，使用者迫於無奈，也只能乖乖買單。

相較之下，Snow Peak的鍛造強化鋼營釘硬度足以貫穿柏油路；由於太硬容易折斷，我們將硬度調整到恰到好處。只不過，價格也因此昂貴許多。鋁製營釘一根大約是五十日圓左右，三百公釐長的鍛造強化鋼營釘一根約四百日圓，足足有八倍之高；即使如此，鍛造強化鋼營釘從十幾年前上市時就大受歡迎，成了生產量高達三十萬根的暢銷商品。這應該是全世界賣得最好的高端營釘吧！

像這樣，將Snow Peak產出的價值附上永久保固，更加淺顯易懂地傳達給顧客——這就是永久保固的用意。「永久」這個字眼聽起來或許充滿衝擊性，不過簡單地說，只是保證產品不會損壞又好用而已，對於使用者而言其實是天經地義的事。反過來說，做不到這件事的產品算得上是產品嗎？

關於這一點，某位製造業相關雜誌總編曾指出「Snow Peak在做家電製造商和汽車製造商都做不到的事」。其實無論是哪家公司，應該都做得到，但是他們卻將保固期限制在一年或三年。站在製造業者的立場，我認為這是種不誠實的態度。

訂定期限，並不是站在使用者的立場，充其量不過是從生產者、製造商的角度主張「為了避免損及我們的利益，必須訂定期限」而已；Snow Peak要貫徹「站在使用者的立場思考」的企業宗旨。這樣的公司或許很少，不過正因為如此，Snow Peak更要貫徹始終。

逐點測試，打造舒適基準尺寸

即使負責開發的是新進員工，產品同樣是永久保固，因此必須從一開始就基於這個前提進行開發與測試。全體員工都意識著永久保固，產品的品質才會越來越好，員工也能抬頭挺胸地肯定自家的產品。只要繼續秉持這樣的態度工作，總有一天能夠感動使用者。

決定導入這個制度，是在三十年前。想要「展現製造商應有態度」的我在

冬天在總公司前騎雪上摩托車。社長身先士卒，徹底享受戶外活動。

八六年進入公司以後，立即宣布實施「產品永久保固」。

事後我才知道，當時員工的感想是「老闆的兒子突然跑來講了一堆莫名其妙的話」。即使如此，身兼開發負責人的我並未放棄。

重點在於制定產品基準。要做到永久保固，當然要有足以支持永久保固的根據。戶外用品的品質無法光靠工業實驗數據改善，要開發能在野外確實發揮功用的產品，最有效的方法就是進行野外測試。舉個例子，開發露營用的不銹鋼鍋時，我並不知道鍋子的厚度要多少才好。

於是，我選了幾個常見的厚度〇・三公釐、〇・四公釐、〇・五公釐、〇・八公釐、一・二公釐，分別製作鍋子，並針對每個鍋子進行耐久性測試。此時的重點始終放在「戶外使用」之上。在戶外使用鍋子時，最嚴苛的條件就是露營焚火，因此所有測試都是用焚火進行的。最後，我得知直徑一百五十公釐以下的鍋子只要有〇・四公釐的厚度，耐久性就足夠了；如果尺寸更大，厚度就要有〇・五公釐才夠。

做法很單純。實際製作樣品，反覆進行「假設－驗證」的過程，找出必要的規格。用這種方法制定的基準和當時的業界常識相較之下，往往被評為「性能過剩」；因此，做好樣品送給經銷商時，常被打回票：「我們不需要這麼好的產品。」即使如此，規格低於 Snow Peak 的產品，意味著不耐用；我們始終站在使用者的角度，以「不會壞」、「好用」為條件，追求「不這樣就不耐用」的規格。不光是強度，在性能面上同樣是反覆試誤，制定基準。比方說，在制定桌子的高度基準時，我們會盡可能地模擬具體用途，找出「最好用的高度」。

制定基準並不輕鬆，但是每跑完一輪流程，就多累積一輪經驗。就這樣，促進野外舒適生活的數值「舒適基準尺寸」漸漸地成形了。我們根據這種基準，自八八年進軍汽車露營市場時開始實施永久保固。現在也還有這個年代的產品送來維修，讓我不禁懷念起當年的事。舒適基準尺寸至今仍是所有 Snow Peak 產品的基礎，卻不僅止於此。Snow Peak 產品的評價越來越高，其他競爭公司也開始效法 Snow Peak，用同樣的基準製造產品。不知不覺間，舒適基準尺寸不再是

Snow Peak獨有，而是成了業界的標準。

不斷地確認基準，重新審視。有段時期，即使Snow Peak判斷公司方面並無過失，只要使用者堅持「有問題」，我們就會將產品視為瑕疵品。不過，顯然是使用方式不當的話，就又另當別論了。

只要符合公司制定的基準，我們大可以堅持「這不是瑕疵品」。然而，顧客其實也不想客訴，之所以提出客訴，是因為「產品讓顧客不滿意」。使用者覺得產品不好用，代表產品不值那個價格。因此我認為產品只要被客訴，就該改良。為了滿足顧客，將產品視為瑕疵品回收，加以改良，才是真正的「勝利」。這也是打造絕無僅有的產品、制定品質基準的過程。十幾年來堅持這個做法，讓我們成功制定了以舒適基準尺寸為首的品質基準，並依照這些基準進行品質管理。

舉個八〇年代後半的例子。進軍汽車露營市場不久後，有家經銷商接獲某位顧客針對某款椅子的客訴：「在傾斜的地面上使用，就會往後倒。」起初我暗想：「在那種地方使用，當然會倒。」不過，顧客之所以提出客訴，想必是因為他認為「戶外用的椅子不該因為這種程度的傾斜而往後倒」。因此，我對於椅子倒了感到相當懊惱。後來，我改變框架的形狀，做出了在露營地的一般起伏地形不會往後倒的椅子。站在使用者的角度製作產品，有時會導致製程的增加，但我還是希望能夠傾聽顧客的聲音，淬鍊產品。如果製程因此增加，就進行通盤檢討，比如透過機器化降低整體成本就行了。

有知名品牌之譽的公司在成長過程之中，都會提供顧客超乎期待的產品與服務；顧客因為公司的用心而感動，就會向朋友介紹，品牌力也會因此提升。做不到這一點，就無法建立品牌。Snow Peak 透過永久保固吸引使用者使用產品，產生「真的很好用」、「比從前使用的露營用品更耐用」的感動，進而散播「Snow Peak 的產品很棒」的認知。

融合燕三條地方產業與驚異的開發體制

不知讀者是否了解我對於製造的基本想法了?接下來我會更加具體地記述製造的手法。製造大致可分為開發與生產兩部分,Snow Peak 的特徵是將大部分的生產交給足以信賴的協力工廠,至於開發則是百分之百在自家公司進行。

首先談論生產。Snow Peak 的總公司位於新潟縣三條市,和隔壁的燕市合稱為燕三條地區,自江戶時代就有金屬加工傳統,整個地區都是以製造為業。製造業所需的人才與知識技術一應俱全,任何產品都可以在當地獨力生產,正是這個地區的優勢。

在這種環境之下長大的我從小就喜歡工藝,身邊有許多「小鎮工廠的叔叔伯伯」，這些比我年長幾十歲的師傅教導了我許多事物。有沒有什麼方法能夠活用地區的優勢？我在每個時間點選擇了當時自認的最佳方案，最後固定成現在的型態——將大部分的生產交給地方上的協力工廠。

將地方產業的優勢透過戶外用品擴展到全世界

從地方擴展到世界，稱之為「全球在地化」；而 Snow Peak 正是以戶外生活型態為平台，將地方產業的優勢擴展到全世界。就這層意義而言，Snow Peak 可說是全球在地化品牌，「燕三條品牌」。

回顧公司的歷史，Snow Peak 之所以能將生產交給協力工廠，是因為家父那一代都是自行生產，製造之魂就活在公司裡之故。身為創業者的家父在五金批發商工作十年以後才獨立創業。起初家父選擇的是流通業，後來喜愛登山的他自行開發登山用品並交給開鍛冶店的山友生產，開啟了他的製造業之路。不久後，他蓋了自己的工廠；我進入 Snow Peak 時，約達營業額半數的產品都是在自家工廠生產的。

公司持續累積生產相關知識與技術，就能從製程角度進行各種嘗試。為了保持這個優勢，暢銷商品「焚火台」現在依然是由自家工廠生產。

當然，在家父那一代，也善用了燕三條的優勢。雖然沖壓加工是由公司自行進行，焊接等卻是委託周邊的工廠代為處理。我的地區合作觀就是源自於這種做法。或許有人會將全力開發評為「豁出去的決定」，不過，比起在自家工廠生產，燕三條有許多工廠能以更低廉的成本生產出更優質的產品。我認為應該將經營資源集中在最大的優勢之上，所以才演變成現在的形式。

我在九六年擔任三條青年會議所的理事長，協力工廠的經營者之中，有許多是當時的前輩或後輩。他們都是一起揮汗振興地方的夥伴，也很了解彼此的性情。這些人都是工廠第二代、第三代，工作認真努力，擁有優秀的技術。

家父他們是跨越戰後動盪期的世代，接班人大多是大學畢業生，具備全球化觀點與邏輯性商業思維；非但如此，由於活在同樣的時代與地點，對於彼此的心性瞭若指掌。即使在他們成了協力工廠老闆的今天，我們一年還是會聚餐幾回，分享 Snow Peak 的理念。我現在仍然很重視地緣，在擁有約五百二十家當地公司會員的三條工業會擔任理事長。這麼做是為了善盡對於地域社會應盡的責任。

付款不開支票，而是在協力工廠交貨給公司之後，統一在月底用現金支付。生產新產品，開模費用往往不便宜，但由於 Snow Peak 財務體質健全，下決定時並不為難。

帳篷等縫製品是在中國製作的。在海外生產，最重要的就是詳細制定規格。

比方用來製作帳篷的聚酯或尼龍布，Snow Peak 明確規定每平方英寸必須織入幾條直絲與橫絲，以提升強度與耐水壓等規格。關於撥水性，也制定了明確的基準：「清洗五次後，以公司內部基準評分，九十五分以下的布料一律退貨。」非但如此，更實際在戶外使用，進行測試，確認布料可以承受多少風力。當然，對於帳篷用的營繩、調節片、營柱、營槌等產品，也都制定了適合布料的規格。

在全世界的戶外用品製造商之中，只有 Snow Peak 擁有整體品質如此之高的帳篷。對此，我感到十分自豪。

不僅如此，我也慎選工廠，並以不定期抽查的方式進行裝船前檢驗與入庫檢驗，因此，和海外工廠鮮少發生品質方面的糾紛。

由同一專人負責企畫、設計到量產

接下來針對製造的開發部分進行說明。

我認為 Snow Peak 最大的優勢在於開發力。包含設計與品牌化在內，Snow Peak 是個擅長創造的公司。從事產品開發的員工約有十人，平均年齡是三十五歲。開發百分之百是在自家公司進行，不過，光論這一點，許多規模與 Snow Peak 相當的公司也是這麼做的，並不稀奇。

不同之處在於開發流程。在 Snow Peak，一個產品從最初的企畫階段到設計，再到與協力工廠合作送上產線，全都是由同一個開發人員一貫作業。想像成開發部門的每個人都兼任產品經理，或許比較好懂。工程師、設計師也由同一專

總公司中庭的產品測試區。在各種條件之下嚴格測試性能。

人兼任，全面參與。如此一來，即可明確區分某個產品是由誰製作。

之所以這麼做，是基於戶外用品獨有的理由。戶外用品的功能與設計若是無法互相配合，就無法獲得使用者的肯定；因此，必須讓同一個開發人員徹底管理，將品質提升到「自己也很想要這個產品」的程度。要達成這個目標，最好的方法就是讓同一專人監督所有製程，因此我們刻意不採取分工制。Snow Peak 生產的是高端產品，不用這個方法，無法開發出符合價位的產品。

因此，和大企業的開發人員或設計師的角色有根本上的不同。

在大企業，產品上市前並非由同一專人負責，而是由多人按照製程分工合作。相較之下，Snow Peak 的開發並不單純是「制定新產品企畫」或「畫草圖」。由於全部製程都是由同一個人負責，要求的是綜合開發力。與大企業相比，什麼工作都能做，很有意思，不過相對地，工作量也會變多。

無論設計再好，也不會降低功能性來遷就設計，所以 Snow Peak 的產品開發不需要只會畫草圖的人。相反地，我們也不需要只有技術的人。當然，對於戶外活動毫無興趣的人，我也不會錄用。設計、技術、熱愛戶外活動——具備這三個要素，才能符合開發的要求。即使一開始做不到，只要進公司以後能夠符合這個要求，我就會優先錄取，加以鍛鍊。

之所以能夠採用這種手法，是因為Snow Peak的每樣產品零件數目都不多。如果是像汽車那種一輛就有兩萬多種零件的產品，全部由同一專人監督，就不合理了。開發戶外用品，必須對金屬、布料與塑膠都有所了解，但由於零件數目有限，還不至於做不到。

地方產業成為磨練開發力的原動力

應徵開發人員而進入公司的員工大多是在美術大學或大學藝術學系學習產品設計的人，而且都喜愛戶外活動、想要打造自己喜歡的產品。因此，從進公司的那一刻起，他們就已經具備某種程度以上的設計師素質，並且從一開始就懂得使用者對於戶外用品的感覺。他們不足的只有生產技術的部分，而這部分必須在進公司以後學習。在培育開發人員這方面，總公司位於燕三條，也有很大的助益。

產品開發不是光在辦公桌上就能進行的。開發人員必須親自打電話給負責生產的協力工廠，並勤跑工廠試作。學過設計的人也要仔細學習師傅的生產技術，這樣才能在耳濡目染之下了解彎曲厚度一・二公釐的不鏽鋼板所需的R值。

有時候，想做的零件有十種，就得跑十家公司。不過，每做一種零件，就會累積知識與技術，以後製作類似的零件時，作業過程就會變得順暢許多。所有零件都發包給其他工廠的話效率太差，因此最近通常是由幾家協力工廠統包，再分包給更小的工廠。即使如此，要熟悉一連串的流程，還是需要不少時間。

身為產品經理，也得負責成本管理。要訂定適當的產品價格，和協力公司之間的交涉是很重要的。對於剛進公司一、兩年的員工而言，這個任務可說是格外困難。以前也發生過上司疏於確認，沒發現計算成本時漏算了某零件，導致獲利率低於當初企畫的情況。

開發人員至少要花上三年的時間才能獨當一面。這是因為開發人員必須兼具使用者感覺、設計能力及生產管理能力，才能勝任Snow Peak的產品開發工作。

每月一次的創意評論都是砲火全開

開發時間表是針對兩年後製作的。開發人員必須在每年九月列出三十～五十項兩年後的新產品清單。

只不過，有時候開發人員過度執著於製作「自己想要的產品」，導致列出的產品類型過於單調。為了防止這樣的情況發生，我從條列清單的階段就會開始參與。「從現在使用者回饋的意見判斷，這類產品要多一點」、「預測明年的狀況，要實現新的生活型態，應該需要這類產品吧？」諸如此類，一面指點，一面擬定產品計畫，並在年底之前完成詳細的清單。開發人員「想做」的品項之中，最終能夠成為產品的大約有三成。

過了年以後，鞏固每項產品的中心概念，並進行試作。在Snow Peak，每個月都會舉辦一次「創意評論」來確認開發進度。開發人員針對自己的產品進行簡報，而在我評論各項產品的同時，其他人員也會發言，以收集思廣益之效。

身為製造業老闆，絕不能讓不合格的產品打上Snow Peak的商標上市。這樣的情況一旦發生，就會折損品牌價值。

我向來都是用認真嚴格的態度進行創意評論。在評論會議中，我是最高的那堵牆，發現任何問題都會提出來。作為使用者代表，我甚至下過「這個樣品完全無法感動我，我一點也不想要」的評論。若要說明判斷的標準，即是「使用的瞬間能否讓使用者感受到超乎想像的品質與好用」。產品的中心概念與品質都會受到徹底的檢驗。

會議時間大約兩小時。雖然對於大多數的產品，我都會仔細品評，但是對於不合格的產品，我會拋出簡單的問題：「這和目前的產品有什麼不同？」並立刻打回票。開發遇上瓶頸的時候，身為評論者，我也會思考「該怎麼做比較好」，提出替代方案。

討論最終是否做成產品時，我的問題都是固定的，就是「你真的會買嗎？」

總公司提供辦公椅及平衡球，供員工自行選擇較為舒適的使用。

「你真的想要這個產品嗎？」若是問到願不願意自掏腰包購買時，得到的是支支吾吾的回應，就代表作為製造商的態度不夠誠實。我們不能生產自己不肯自掏腰包購買的產品。反過來說，我們只發售自己想買的產品。實際上，到目前為止，我至少以使用者的身分花了一千萬日圓購買Snow Peak的產品。

舉個評論實例。

「燈籠花」是種會對聲音及風產生反應，發出猶如燭火搖曳的ＬＥＤ燈光的獨特產品。這是Snow Peak的第一個電器產品，採高科技設計，用塑膠和矽膠製成，與其他產品風格迥異。非但如此，在評論的最初階段中，其實並沒有隨風搖擺的設計。

因此，我在評論中指出：「這在Snow Peak的產品中顯得很突兀，我不想在露營地使用。」一聞言，開發人員直率地詢問：「那該怎麼辦才好？」

我提出一個點子：「設計成風一吹燈就會搖動，這樣應該就能融入大自然吧！」於是，燈籠花增加了燭光模式，變成了現在的型態。雖然銷售價格也比評論前的暫定價格多了兩千日圓，但是使用者都給予高評價，成了累積銷售數超過三萬個的暢銷商品。

社長親自測試試作品，進行開發

戶外用品有許多光靠工業實驗無法釐清的地方，因此，有時在評論會上難以判斷該不該產品化。這種時候，我本人或是野外指導員等嚴格的測試專員會將試作品帶到野外，進行測試。以帳篷為例，一定要以使用者的角度確認颳強風時帳篷在露營地中被風吹襲的狀態，才能夠放行。

透過評論進行各種改良，在七月的展示會之前完成產品樣品；之後，應需要隨時改良，逐步完成產品。最終必須在十一月底生產完畢，十二月就要放到店面當新一季的展示品。七月至十一月之間，會一面進行下一季產品的最終調整，一面製作兩年後的清單。這段時期開發人員特別忙碌。

「正當性」是提升附加價值的關鍵字

我現在是社長，不直接負責開發。不過，自八六年進公司到二〇〇〇年之間，我是直接且全面性地監督開發。

我剛進公司的時候，市面上只有九千八百日圓及一萬九千八百日圓的帳篷；後來我站在使用者的角度，開發了要價十六萬八千日圓的帳篷。這對於Snow Peak而言，是戶外用品的原點。起先，我並沒有設定售價目標，只是想著「要做一個耐用又好用的產品，高端消費者一年用五十次的話，可以用上五年」。對於Snow Peak而言，產品開發就是要創新。反過來說，只要是概念新穎、前所未見的產品，我們就會試著發售。換句話說，我們是以製作真正想要的產品為優先。

與蘋果的共通點

開發人員不斷挑戰「世界首創」或「最小」的產品。Snow Peak的產品價格通常比其他公司高上二～五倍，但是我敢自豪地說，我們開發優質產品的能力是打遍天下無敵手。

當然，經營並不是永遠一帆風順。即使如此，我仍然執著於提升附加價值；只要持續單點突破，企業就能夠成長。因此，我從來沒有迷惘過該不該製作低價產品。我會確認其他公司的產品賣得如何，不過我深信一分錢一分貨的道理。我不想要那樣的產品，而如果製作了劣質產品，Snow Peak就不是Snow Peak了。

產品具備功能價值和支持產品本身的精神價值。不但產品的功能價值超乎價格，最近依據公司的理念、政策及想法等精神性來進行選擇的使用者也變多了。或許這可以代換成「正當性」或「正統性」。

蘋果能夠獲得全世界的尊敬，理由也是在於這裡。

我是長年的蘋果使用者，該公司的產品帶給我很大的刺激。我一直希望 Snow Peak 也能成為蘋果那樣的公司。正因如此，前陣子蘋果員工前來燕三條的總公司參觀的時候，我真的十分開心。包含開發的方法在內，我們談了許多話題；而正如我所想像，我們彼此之間的相似之處很多，讓我體認到自己一直以來的做法並沒有錯。

具備其他公司往右走，就姑且往左走的勇氣

正在閱讀本書的讀者之中，或許也有人「想和 Snow Peak 一樣，透過製造追求差異化，建立品牌」。

製造必然會耗用資源，既然要做，當然是做前所未見的產品比較好。Snow Peak 認為製作已有前例或是其他公司已經在生產的產品，只是浪費資源拾人牙慧而已，所以從不這麼做。

不只如此，相互競爭的產品往往會陳腐化，變成大宗商品，淪落到只能做價

格競爭的地步。對於使用者而言，或許可以用便宜的價格買到產品，但我認為這並不是Snow Peak該扮演的角色。身為製造商，我希望能夠提供更多樣化的價值觀與更多的產品選擇。其他公司往右走，我就姑且往左走——我希望Snow Peak是擁有這種思維的公司。有人說我「很有勇氣」，不過既然Snow Peak做得到，其他公司應該也做得到。

開發前所未有的產品，意味著會被其他公司仿效。對於製作仿冒品的公司，我們當然會做出嚴正的處置。然而，不久前，有某家製作相似品的公司不但營業額比較高，還大力播放廣告，活像自己才是原創，造成了許多顧客的誤解。

不過，現在這個時代，發訊源並不僅止於電視或報紙等大型媒體。當然，媒體擁有一定的力量，但要問一般消費者最相信什麼，那就是其他消費者的看法。消費者在購物前做的頭一件事，就是用Google或Yahoo上網搜尋。透過臉書等社群網站或部落格，許許多多的使用者現身說法，分享產品體驗。這是個靠著消費者的親身體驗賣東西的時代，「誰是原創」也遠比從前來得重要許多。

顧客知道製造商做的是優質產品還是仿冒品，並會給予「製作優質產品的公司」和「製作原創產品的公司」良好的評價。越來越多的消費者對 Snow Peak 的堅持產生了共鳴。對於專注開發的公司而言，這是個美好的時代。

正因為如此，製造業經營者必須抱著決心進行開發。以帳篷用的營釘為例，Snow Peak 生產的「鍛造強化鋼營釘」硬度足以貫穿柏油路面，十分搶手。不過，營釘構造簡單，是種難以差異化的產品；如果其他公司打一開始就推出了好產品，Snow Peak 應該就不會開發生產了吧！說穿了，只是因為沒有好產品，Snow Peak 才開始生產，並用適當的價格販售。

「Snow Peak 風格」為何誕生？

從帳篷、燃燒器具到成衣，Snow Peak 的產品領域相當廣泛。

貫串產品的是使用者的觀點、硬體面的高品質與軟體面的有助於使用者度過充實時光的設計與質感。充分運用五感，追求硬體與軟體的平衡。

辦公室裡的討論
區桌椅都是戶外
用品。

開發的產品種類雖多，但是樣樣擁有「Snow Peak風格」。曾經有某家設計雜誌在專訪時問我：「為什麼？」「是怎麼創造出一致感的？」我想，最大的原因應該是因為我實際參與了開發。

現在的開發人員是因為看過、接觸過並喜歡上我從前製作的產品，才進公司的。換句話說，他是我這個經營者製作的產品的使用者，打從一開始就了解設計面上的語氣與姿態（tone and manner）及公司的目標方向，因此不需要接受這方面的教育。之後，在實際工作過程中，就能逐漸習得Snow Peak風格的相關技能。

如今將開發交給其他人員，我的角色不再只是維持「Snow Peak風格」，還要進一步強化才行。

為了達成企業宗旨揭示的「提倡並實現自然指向的生活型態」，必須著眼於連結自然與人的豐富人生．奢侈人生，因此，親身體驗各種豐富的事物是很重要的。比方說，我必須了解住宿上的競爭對手「世界一流飯店的套房是什麼模樣」，為了製作出好產品，也必須了解其他業界的優質產品。Snow Peak雖然不是大企業，但是身為經營者的我是最花得起「錢」的人。我的親身體驗能夠實際提高產品水準，進而提升附加價值。

對於地方產業的兩種觀點成了原動力

回想起來，我一直在思考如何提升製造業的附加價值。我是在燕三條出生長大的，十八歲之前，把精力都放在打棒球之上；後來趁著上大學的機會前往東京，畢業後則是在經營手錶等名牌貨買賣的外商公司工作了四年半。

在東京共計生活了八年半以後，我在二十六歲那年回到燕三條，進入家父的公司。這時候我感受到的，是地方上傳統製造業的附加價值有多麼低。日本的人事成本向來很高，當時的人事成本也是高居世界之冠，但製作的卻是廉價產品，在便宜的大賣場販賣。坦白說，重視合理性的我一直覺得這樣的狀況很奇怪。

「這樣不對。既然付出了這麼高的人事成本，就該建立銷售高價產品的結構。要以願意高價購買優質產品的人為目標客群，製作產品才對。」我是這麼想的。

同時，我也再次體認到燕三條是個多麼具有潛力的製造業小鎮。這裡具備各種技術，可以生產各種產品，令我感動不已。對於地方現狀的負面觀點與對於潛力的正面觀點相互交錯。

在這樣的狀態中，我認為必須在能夠給予正當評價的市場上，針對了解產品價值、願意高價購買的人拓展生意才行。因此，我決心堅持到底，製作自己真正想要的產品。而最後我得出的答案，便是創造性、永久保固與創新產品等關鍵字。

住在燕三條的我身為在地方上經商的經營者，一直希望能夠活絡家鄉，因此，今後我也會繼續善盡地區貢獻的份內責任。這代表在工作之外也得花費更多的時間與金錢，但是我相信我和公司都會因此成長。當然，Snow Peak 成為受到世界肯定與尊敬的公司，就是對三條市與燕三條地區最大的貢獻。就品牌化與展店方面而言，Snow Peak 可說是地方上前所未見的公司，但願這也可以帶給年輕經營者良性的刺激。

在室內也能使用炭火！開發驚人的帳篷

打破現存的事物時，總會有個令眾人驚嘆「好厲害」的瞬間。Snow Peak竭力開發並推出的正是這樣的產品。

舉個例子，最近發售的「Lounge Shell客廳帳」是世界第一頂內設炭火區的帳篷。大家像圍爐一樣圍著炭火，享受食物，享受談話，享受自然，是創造出前所未有的交流模式的劃時代客廳帳。

在戶外用品業界，由於有一氧化碳中毒的危險，在帳篷裡使用炭火是一大禁忌。相較之下，Lounge Shell客廳帳採用了特殊規格，甚至可以在帳篷之內烤肉。敢挑戰這種禁忌的戶外用品製造商，放眼天下，大概也只有Snow Peak吧！

在產品化之前，我們進行了各式各樣的實證實驗。帳篷內的一氧化碳濃度是以厚生勞動省（註：相當於台灣衛福部、勞動部的政府層級）訂定的職場環境基準項目為標準進行管理。為了貫徹安全性，我們設下了限制，只有遵循使用手冊接受講習的使用者可以使用本產品。

開發劃時代產品的難處，便在於即使「好厲害」，也不見得就能立刻大賣。Lounge Shell 客廳帳由於尺寸較大，有別於過去的帳篷，是用在「職場裡的十人宴會」或「三個家庭同樂」之類的用途之上；戶外活動愛好者對於這樣的產品似乎還有些陌生。

Snow Peak 也有這類「概念雖然很厲害，但是賣不好的產品」。即使如此，我不會因為產品賣不好，就立刻停產。這類產品通常要等到三年後才會開始暢銷。發售時期與暢銷時期產生時間上的落差，是因為 Snow Peak 的產品走在社會潮流之前。我一年露營幾十天，員工也大多是重度戶外活動愛好者，容易「過早」察覺戶外用品的未來趨勢，因此會產生發售當時顧客「不明白產品意義」的情況。然而，隨著時間經過，大家漸漸了解以後，銷路就會變好。

製作全新價值觀的產品，到大賣之前往往得花上一段時間。Snow Peak 是市場創造型公司，就某種意義而言，產生時間落差可說是宿命。從行銷觀點來考帶著寵物來露營的人也很多。以寵物的角度享受Snow Peak的世界。

量，或許該以暢銷的產品替代不暢銷的產品才對，但 Snow Peak 卻是選擇留下將來可能暢銷的產品。我們能夠這樣從事開發，一方面是因為其他產品賣得好，另一方面則是因為打下了良好的財務基礎，足以承受庫存成本之故。

長期暢銷商品「焚火台」也是九六年發售當時完全賣不出去的商品。當時自然保護運動有些過於神經質的部分，「為了保護自然，不該焚火」的氛圍相當強烈，身為戶外活動愛好者的我萌生了「不能焚火，露營的樂趣就少了一半」的危機感，決心找出「連歇斯底里的要求都能滿足的焚火解決方案」。完成的產品透過接續四片金屬板並在中央燃燒柴火，達到了不燒焦地面也能焚火的功效。起先不被大眾接受，銷路不好，但是之後靠著持續刊登型錄及門市介紹，到了第二年、第三年，終於開始大賣，至今依然是暢銷商品。

不過，比起以前，「為時過早」的狀況已經緩和許多。從前莫說三年，甚至還發售過比一般使用者產生購買意願「早了五年」的產品。時間落差之所以縮小，是因為現在可透過 Snow Peak Way 等活動，估算「顧客接受產品」的時機。

拒絕汽車製造商的提議

思考今後的產品開發方向時，我也考慮過和其他行業合作。Snow Peak 只想做真正的原創產品，為了達到這個目的，和有同樣構想的公司交流，互相啟發，應該比閉門造車更能創造新事物。不過，我不接受純掛名。舉個實例，從前曾有汽車製造商表示「想推出 Snow Peak 規格的休旅車」，然而聽了詳情以後，才知道汽車製造商的目的只是放上 Snow Peak 的商標，內容與製造汽車根本無關。因此，我們拒絕了這個提議。

要放上 Snow Peak 的商標，就必須加入 Snow Peak 的概念。替別人製作的產品掛名，不是 Snow Peak 做生意的方式。我非常討厭在別人劃定的狹窄範圍之內生活，員工也和我一樣，擁有這種強烈的意識。如果要聯名，或許該找業界裡的異端公司，因為這樣往往能夠實現別人做不到的事。聯名企業必須擁有自己的優點與創造性才行。

徹底解說

長期暢銷商品「焚火台」

變得更加環保

剛上市時，為了去除焊接後的痕跡，會將產品送往外部工廠，以化學藥品清洗。然而，後來基於環保考量，改良了噴氣方式，現在焊接後已經不留痕跡，不需要這道製程了。

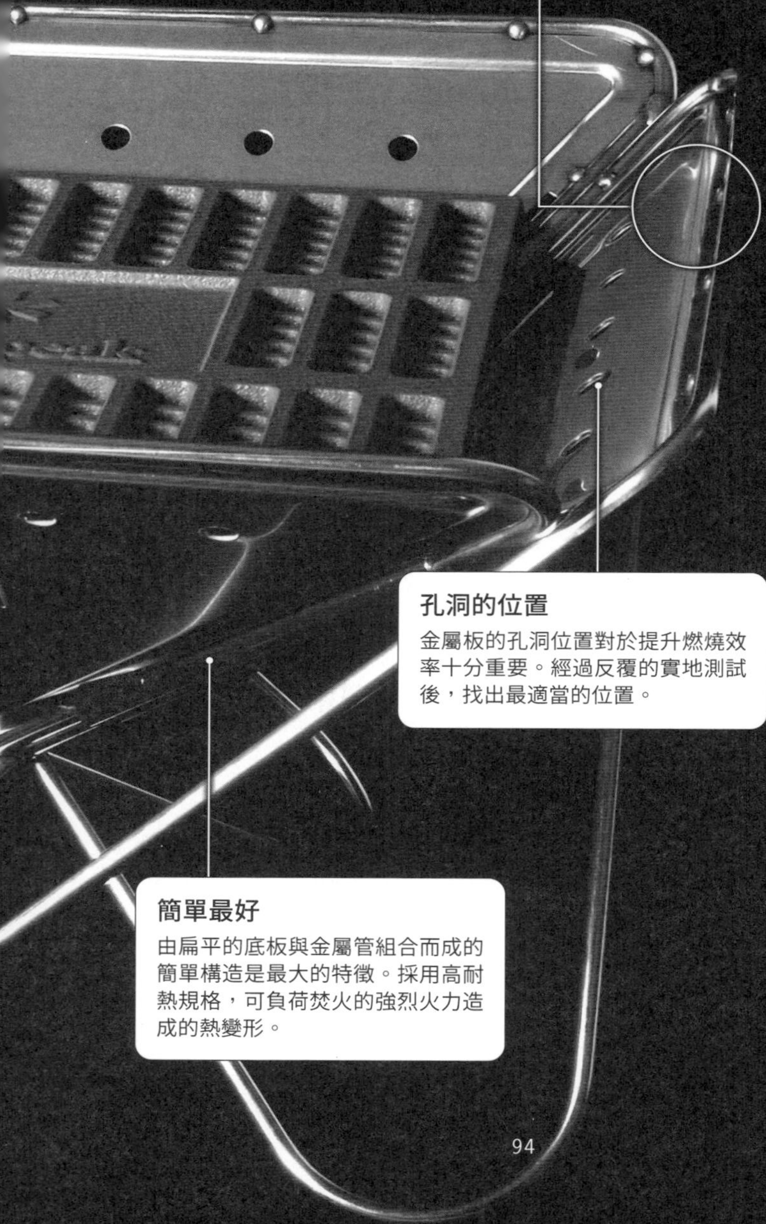

孔洞的位置

金屬板的孔洞位置對於提升燃燒效率十分重要。經過反覆的實地測試後，找出最適當的位置。

簡單最好

由扁平的底板與金屬管組合而成的簡單構造是最大的特徵。採用高耐熱規格，可負荷焚火的強烈火力造成的熱變形。

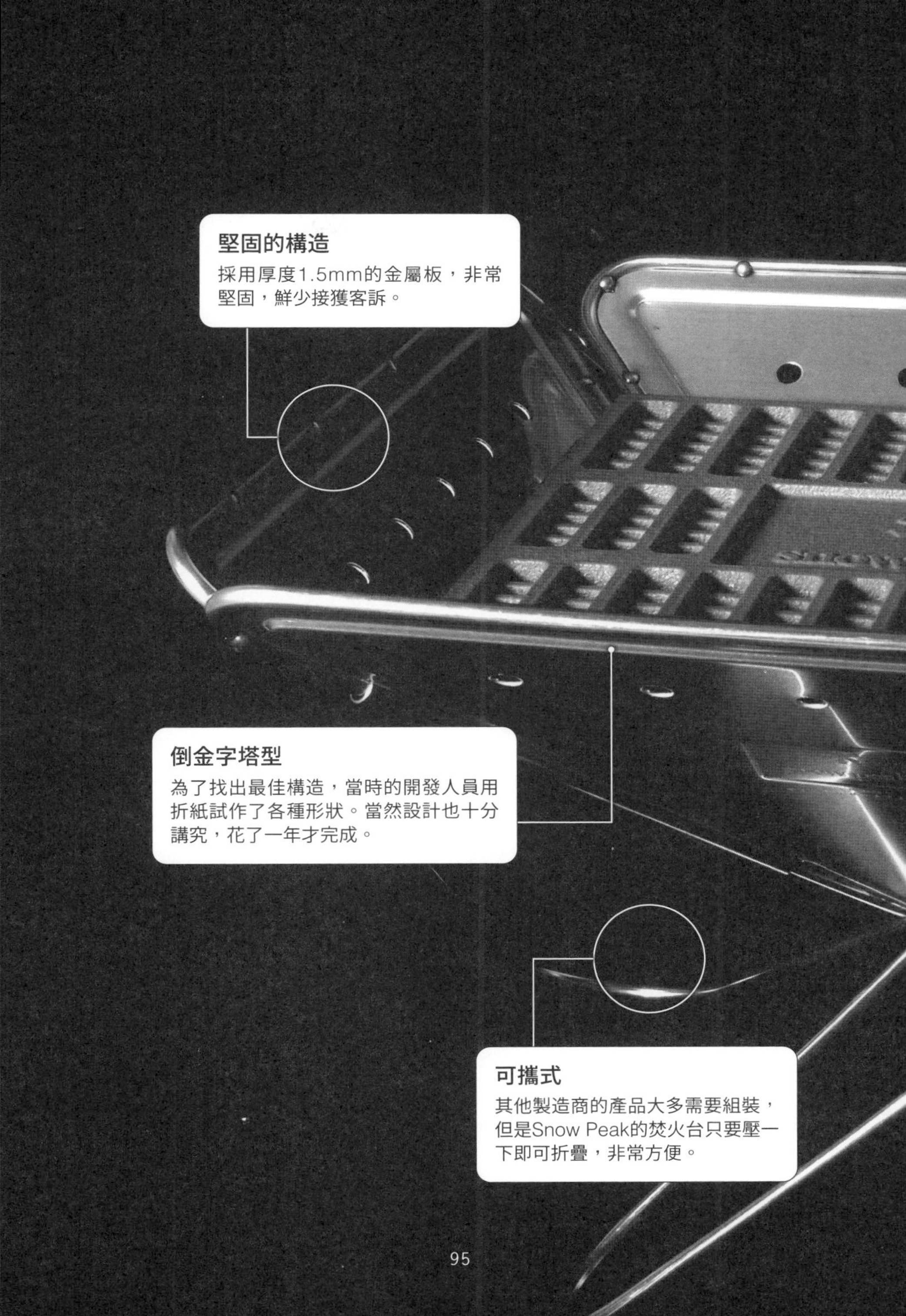
堅固的構造
採用厚度1.5mm的金屬板，非常堅固，鮮少接獲客訴。
倒金字塔型
為了找出最佳構造，當時的開發人員用折紙試作了各種形狀。當然設計也十分講究，花了一年才完成。
可攜式
其他製造商的產品大多需要組裝，但是Snow Peak的焚火台只要壓一下即可折疊，非常方便。

材料之一的金屬板。是以「可半永久使用的厚度」為基準決定規格。

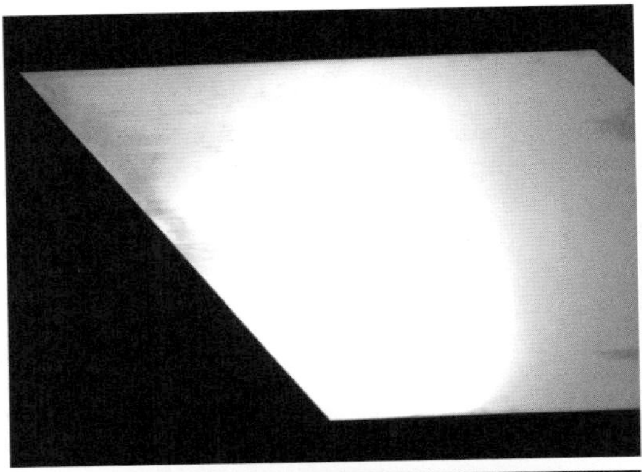

將每片菱形金屬板裁切成2片三角形面板。一架焚火台共使用4片。

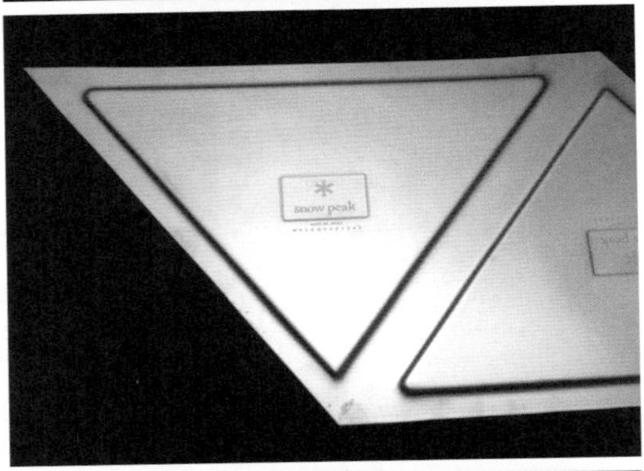

將三角形面板和金屬管焊接在一起，製作4組，互相組合。

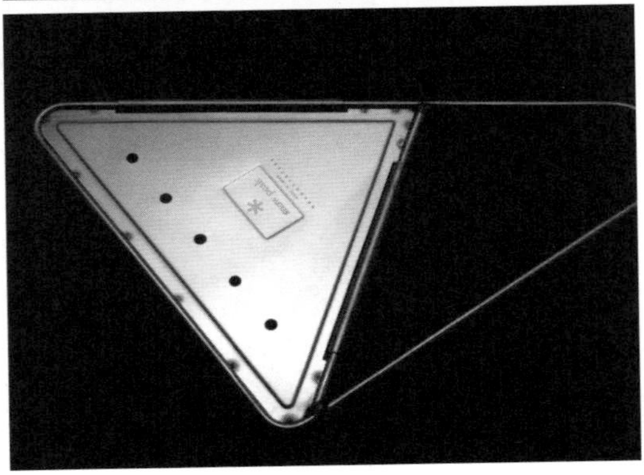

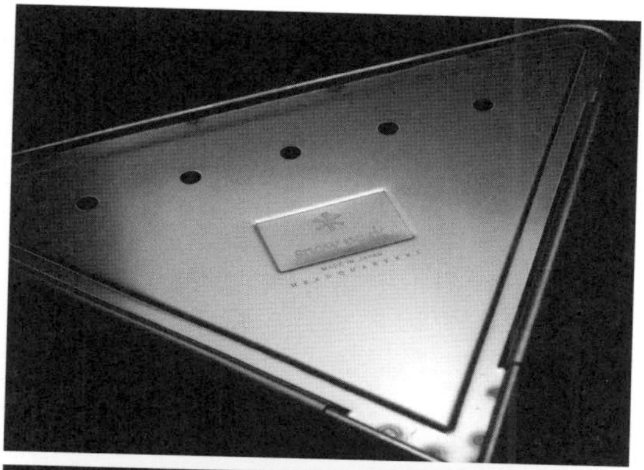

善用金屬的原色。面板上印有Snow Peak的商標。

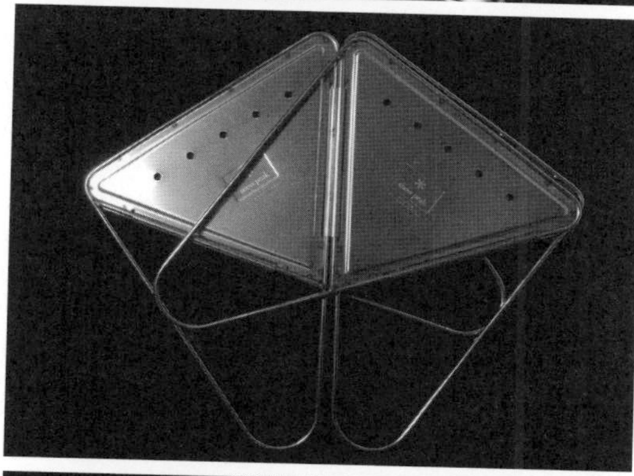

焚火台的折疊狀態。為輕薄收納型，可以裝進專用袋裡輕鬆搬運。

配件也很豐富。和炭床組合使用時，可以大幅提升透氣性，提高炭火的燃燒效率。使用鑄鐵鍋的時候也很方便。

在總公司的工廠生產。從參觀樓層可以看見生產過程。

在露營活動「Snow Peak Way」中，使用者與山井社長圍著焚火台促膝長談。

「焚火台」自1996年上市以來，就成了長期暢銷產品。露營的樂趣之一在於焚火，但若是直接生火，會在地面留下焦痕；使用這個產品，能夠在不傷害自然環境的狀態之下焚火。構造雖然簡單，卻具備多種功能，成了以「戶外生活型態創造者」自詡的Snow Peak的象徵性產品。

Chapter 3

銷售是門科學
建立體制

不打折，寧願多花點時間以定價販售

Snow Peak 直售的產品原則上是不打折的。

雖然會在一年數次的活動中銷售製作型錄時使用的帳篷等福利品，也有首賣福袋，但這些都是例外。我們始終堅持事先訂定的售價。Snow Peak 現在銷售的產品約有五百項，其中也有賣不出去的產品，但我還是寧願多花點時間以定價販售。

能夠維持這種手法的理由之一，就是長期暢銷商品很多。Snow Peak 的生意會受到人口年齡結構等構造變化的影響，但是和景氣動向的關係不大，因此，即使在不景氣的時候，業績依然能夠繼續成長。戶外活動有各種潮流，就算單論露營一項，流行的用品也會因時代而變化，不過和競爭對手相比，Snow Peak 的產品大多可以賣得比較久。

具備強健的財務體質，不需要急著賣掉產品

Snow Peak是在八八年進軍戶外用品市場的，當時發售的第一波產品之中，連續銷售二十幾年的有好幾項。正因為開發花費了許多心血與時間，我對產品很有信心。即使某一季推出的產品賣得不好，我既不會立即停產，也不會勉強在當季賣完。比方說，做了一百個產品，只賣掉五十個的時候，有的人會哀聲嘆氣，但我不一樣。我會這麼想：「照這個步調，兩年就能賣光了。」並將產品列為庫存，等待賣掉的時機。

或許有人會說：「這樣庫存管理不是很辛苦嗎？」不過，戶外用品業界本來就是以一年一度的展示會為中心運作，訂單都會集中在這段期間，要預測需求量並不難。以Snow Peak而言，每年七月都會舉辦展示會，反覆進行銷售試算，提升預測的精準度，因此生產計畫不至於產生過大的偏差。此外，在保管成本部

分，由於我們有自己的倉庫，而且是由自家公司管理，因此就算庫存增加，成本也不至於上升太多。

能夠維持這樣的銷售方式，無借款經營的企業文化是最大的因素。自我擔任社長以來，直到最近，Snow Peak 都是維持無借款經營。目前為了建設總公司而向銀行貸了款，但由於財務體質原本就健全，對於持有庫存或開發投資並沒有多少恐懼感。

舉例來說，汽車露營風潮正盛時，Snow Peak 在九三年達到營業額高峰，但是九四年風潮退去，營業額便下降十％左右。由於原本預測會繼續成長，實際營業額和事業計畫產生了二十％的落差；但我們儲存資金，建立了強健的財務體質，才得以跨越難關。正因平時保有充足獲利，才不至於在面臨困境時慌了手腳。

我喜歡「美麗」的事物，所以我也很講究資產負債表的美感。在過去的決算之中，最「美麗」的就是總資本十五億八千萬日圓、業主資本十五億日圓的時期；當時的負債只有一個月份的應付款，如果沒開支票，連負債也沒有。雖然現在負債不少，但我隨時都留意著資金的平衡。

換句話說，正因為財務體質如此健全，我們沒有賤價出售的企業文化。縱使發生「無論等再久，市場還是沒有拓展到預期程度」的情況，Snow Peak也鮮少半價銷售產品。若是這麼做，長年以來建立的品牌價值與意義就會變質。

再舉個極端的例子。長期滯留的庫存有三千萬日圓時，若是打折以成本價銷售，或許可以回收三千萬日圓現金；但由於品牌形象受損，我認為損失反而比較大。在Snow Peak，如果產生了這麼多的滯留庫存，與其打折銷售，我大概會選擇在充分考量環保的前提之下銷毀產品吧！賣不出去，代表使用者認為「產品本身沒有價值」，所以我不會勉強銷售。

藉由員工銷售，坪效提升至二．五倍

接下來說明具體的商業模式。

Snow Peak產品的銷售通路有以下幾種：銷售所有產品，由Snow Peak員工常駐店面的「Snow Peak商店」、由Snow Peak認可的「Snow Peak大師」駐店，銷售多種產品的「店中店」，以及只銷售主力產品的「旗艦店」，都是不經由批發商的直接交易。其中的主力是全國約有六十家門市的「Snow Peak商店」，占了營業額的八成。

Snow Peak商店又分為兩種類型，一種是Snow Peak自行設立的五家直營店，另一種是合作夥伴店內的賣場。

店內賣場是在戶外用品專賣店或大型運動量販店裡開設二十～三十坪的專用賣場，由Snow Peak經營。從Snow Peak商店的營業額來看，直營店約占兩成，店內賣場約占八成。

Snow Peak商店最大的特徵，就是無論是直營店或店內賣場，都是由Snow Peak的員工擔任店長，常駐店面。店內賣場的營業額雖然是列在合作夥伴的帳目上，但是由Snow Peak的員工進行銷售這一點，與直營店並無不同。戶外用品的零售商大多是雇用工讀生進行銷售，Snow Peak卻堅持由員工銷售。

辦公室裡設置伸展機。員工每天可以在工作時間內自由使用三十分鐘。

直營店由於規模較大，考量到輪班問題，除了員工二、三人以外，還有非正式員工及工讀生，但並非常態。店內賣場會配置員工一人，由員工擔任店長。

由員工進行銷售，員工人數便會增加，公司的人事成本負擔也會變大。因此，這陣子有許多企業為了壓低人事成本，刻意不雇用正職員工。

在Snow Peak商店是由員工負責銷售。雇用正職員工，進行教育訓練，提升產品與服務的說明能力，說服來店的客人購買產品，同時也可了解我們的企業宗旨，成為公司在該地區的代表。這種重視員工雇用的態度從未妨礙過業績成長。

在銷售面上重用員工的構想，與Snow Peak是社群品牌有密切的關聯。顧客中有許多Snow Peak產品的忠實使用者，他們對於戶外用品擁有相當水準的知識；說來遺憾，工讀生往往無法提供充分的服務。

雇用正職員工的好處有數字為證。戶外用品專賣店及運動用品店的平均年坪效約一百萬日圓，相較之下，由員工擔任常駐店長的Snow Peak店內賣場年坪效高達兩百五十萬日圓，營業額約有二・五倍，對於合作夥伴的母店也有很大的好處。站在Snow Peak的角度，派員工擔任店內賣場的店長，獲得的利潤遠遠大於付出的成本。基於這些好處，店內賣場型門市仍在持續增加中。合作夥伴和Snow Peak達成雙贏，店長也能在地方紮根，有尊嚴地服務使用者。

派遣員工至店內賣場，和最近戶外用品業界的構造變化也有關係。在二〇〇〇年之前，戶外用品專賣店都會雇用大量店員，在門市面對面地服務客人，銷售商品；然而，由於業界競爭變得越來越激烈，現在就連專賣店都逐漸減少這種面對面的銷售方式，改成自助式賣場；要請專賣店安排專人解說Snow Peak的產品，也變得越來越困難了。

身為製造商，自然不樂見銷售現場的說明能力低落化，希望合作夥伴能夠「為客人提供更多的說明」；不過，我很了解專賣店的現場狀況，也知道經營有多麼辛苦。在這樣的狀態之下，為了消除雙方的為難，才確立了派遣員工到店內賣場擔任店長的模式。

強化邏輯，管理程序

銷售現場的難處，就是成果無法反映在數字上。

這是每家公司都有的煩惱，Snow Peak 也不例外。那麼，在這種時候，該採取什麼對策？由於每家店和店長的狀況都不盡相同，無法一概而論。

即使如此，重點在於「賣不掉一定有理由」的認知。做生意或許帶有運氣成分，但是光靠運氣，是無法維持或提升業績的。因此，產品賣不掉的時候，必須確實找出理由，配合原因實施對策。

建立在第一時間發現危機、採取對策的體制，加以強化。在 Snow Peak，雖然也將達成營業額目標列入店長的行為規範之中，但是光靠如此，是很難達到目標數字的。為了提升目標營業額，我非常注重運用邏輯思考來管理程序。

注重開拓新客源的理由

首先，基於詳實的數據掌握現狀相當重要。規模較小的公司有時會憑著「新顧客好像很少」之類的印象說話，但這樣是無法擬定解決方案的。打從企業規模比現在更小的時候，我就很注重數據了。

更具體地說明，在Snow Peak，為了掌握銷售動向，我們會確認營業額與來店人數，擬訂不同的解決方案。其中，為了幫助門市達成目標，我特別留意各門市發行的集點卡。

發卡數據隨時都透過系統進行管理。其中我格外注重的，是「獲得了多少新顧客」與「可有促使現有顧客升級的營業活動」這兩方面的數據。

換句話說，就是從究竟「開拓了多少新客源」與「培養了多少粉絲」來探討課題。

首先是關於「獲得了多少新顧客」。分析營業額提升的要因，我認為新顧客扮演了很重要的角色。現有顧客固然重要，但光靠現有顧客無法拓展生意，必須持續招攬新顧客才行。「難以開拓新客源」的門市若不改善這個問題，便無法提升整體業績。

從過去的數據，我們知道Snow Peak的新卡發行數和營業額是彼此相關的。基於這一點，各門市要達成各年度的銷售目標，就必須訂立集點卡新會員的年度招募目標，再細分成每月目標。以這個數字為基準，就能以「這個月底之前必須招募三百人，但實際上只招募到兩百人」的形式掌握現狀。

並據此擬定對策。

這種時候，發傳單是個有效的手段。和Snow Peak產品的形象相比，傳單或許不起眼，效果卻不容小覷，是種很重要的方法，為了促進新顧客來店，我常要求員工到店外發傳單。

發傳單的方式也很講究

話說回來，如果只是漫無目的地亂發傳單，是很難增加新的來店顧客的。因此，我們不只在店門前發傳單，如果是購物廣場裡的門市，我們會到廣場外發傳單，有時候甚至會在門市附近一帶發傳單。

不過，就算發遍整個住宅區，由於露營愛好者的比率有限，效果往往不彰；反而是到門市附近的露營地發傳單，還比較可能引起興趣。

Snow Peak 在這方面也確實應用了數據。我們得知傳單的發放張數也和新卡發行數息息相關；換句話說，傳單發放張數、新卡發行數和營業額都是彼此相關的。

打個比方，某門市要達成目標營業額，每年必須獲得五百個新顧客；這時候，我們會事先訂定「去○發○張傳單」的戰術。

反過來說，沒有獲得足夠的新顧客，有可能是因為傳單的發放方式不夠周到。這時候，我會根據數字，確認現場的應對是否適當。只要檢視新卡發行數，立刻就能知道員工有沒有偷懶。

確認對現有顧客的營業方式

在 Snow Peak，我們針對站在銷售最前線的店長訂定了某些行為準則，讓他們負責各式各樣的管理業務。不過，要問是否比其他連鎖店嚴格，我認為經營門市是種邏輯，幹勁高的人往往比較容易發揮實力。

營業額難以成長的時候，確認對現有顧客的營業方式，也是很重要的。就這一點而言，Snow Peak 的集點卡數據也發揮了很大的作用。

依據顧客的消費金額，卡片分為黑卡、白金卡等多種等級，而每間門市都訂定了各個等級的目標值，我們就是依據目標的達成狀況來探討各門市的課題。

卡片等級如實反映了顧客對露營的興趣多寡，因此升級是有意義的。Snow Peak 從不要求顧客購買不需要的產品，讓顧客購買需要的產品才是重點。

在公司內部橫向展開知識與技術

當然，我注重的不只數據。舉個例子，有某個 Snow Peak 商店店長的營業額格外突出。

「為什麼這個店長能夠拿出這麼好的成績？」針對這一點，區經理定期進行訪查，並將知識與技術橫向展開到公司內部。系統化這個字眼聽起來或許有些誇大，舉例來說，就是分享「提供給來店顧客的銷售建議書寫法」這類的資訊。

為了有效吸收銷售手法資訊，店長必須在每月報表上記錄這些內容。深入了解優秀店長的做法之後，我發現有位店長提供給顧客的銷售建議書寫得特別好。除此之外，還有許多「打電話提供銷售建議」、「為了促使顧客來店，採取了某某行動」等有效提升成果的做法，可以從各種角度共享資訊。Snow Peak 原本就是個資訊素養較高的公司，因此應用資訊溝通的能力也是重點之一。

談到銷售，似乎有人覺得：「Snow Peak 產品的狂熱粉絲那麼多，不用這麼

電腦只用蘋果的。社長親自在Snow Peak Way向使用者做簡報。

辛苦吧？」的確，忠實使用者時常關注 Snow Peak，只要有新產品發售，就會表現出興趣。不過，光是這樣，顧客不會增加，事業也不會繼續成長。

雖然還不到「土法煉鋼」的地步，正因為我們一點一滴地累積營業的知識與技術，才能締造現在的營業額。要打造出任何員工都能提升營業利潤的門市，必須不斷地進行改善，建立一套系統。

透過「露營研習」培育銷售專家

要提升銷售力，培育人才也很重要。

門市的員工在接受分發之前，都會參加針對產品知識進行的課堂研習。不過，要銷售高端戶外用品，光靠知識是不夠的，必須親身體驗 Snow Peak 產品實際上是如何使用、有何特徵。

因此，我規定員工必須參加「露營研習」，以學習實際在戶外露營的方法。

雖然員工大多是本來就喜歡露營的人，不需要研習就已經熟門熟路；不過，要培養足以讓顧客完全理解的說明力，還是少不了扎實的「使用體驗」。露營研修是在新潟縣三條市的總公司園區內或Snow Peak在大阪箕面市經營的露營設施等地舉辦。

員工接受擁有「野外指導員」頭銜的「魔鬼教官」員工指導，在嚴峻的狀況之下反覆搭帳篷、紮營，接受徹底的鍛鍊；透過這種方式，讓身體記住扎實的紮營方式。學會產品的使用方法，在店裡就能與顧客分享親身體驗：「我也用過這個產品，它有一個很大的優點……」

在Snow Peak商店之中，直營店扮演的角色就像是職棒的二軍。負責銷售的員工在直營店完成一連串的研習以後，便遵從店長培育計畫表，學習基本業務。

之後再分發到店內賣場，在店長身邊工作，並透過ＯＪＴ（在職訓練）學習必要的概念與業務。

為了提升銷售力，在培育員工的同時，我也致力於打造富有魅力的門市。我認為打造門市也是種邏輯和科學。門市的格局與動線因立地條件而不同，必須審視各種條件，打造出最有效果的門市。

我也會借助專業顧問的力量來打造門市。透過各種實驗，將有助於提升獲利的知識技術展開到其他門市。為此，必須針對「這樣展示，顧客比較想來店」、「考量動線，這個區塊是最受注目的黃金區域，所以把廣告板擺在這裡」等各個細節逐一進行審慎的思考。

售後服務也很講究

門市不只是銷售產品的現場。

Snow Peak 對於產品採取永久保固制，因此十分講究售後服務。二〇一二年，維修人員受理的修理件數約六千件。我們優化了作業步驟，從收件到歸還，停留在公司售後服務部門的時間通常只有一天。最近我們計畫將時間縮短為半天。

今後，在Snow Peak商店工作的員工也要接受訓練，學習維修。

建立新的體制，在店裡即時完成更換帳篷營柱的彈性繩及更換營燈、爐子的阻塞噴嘴等簡單的維修。這麼一來，我們應該能夠成為全世界維修速度最快的公司吧！在硬體上追求差異化的同時，售後服務也要跟著差異化。

從經由批發商轉變為直接交易，使用者的聲音是躍進的原動力

Snow Peak的銷售戰略並不是打一開始就是現在這樣，而是經過巨大的轉變，才變為現在的形式，而這種轉變成了成長的原動力。因此在這裡，我要更加詳細地記述銷售的轉變歷程。

八八年開始的汽車露營風潮，讓Snow Peak的營業額倏然上漲，幾乎到了失控的地步。營業額成長率一百三十%的狀況持續了五年，代表這五年間營業額幾乎成長了五倍。不過，當時我們是透過批發商鋪貨，所以完全不明白產品是在哪個地點銷售、如何銷售。

後來，汽車露營風潮消退，營業額持續降低；此時，為了「重新傾聽顧客的

聲音」，我在九八年開辦了露營活動「Snow Peak Way」。在山梨縣本栖湖舉辦的第一屆活動中獲得的參加者回饋意見，即是重新審視銷售方法與重回成長軌道的契機。

當時，最讓我驚訝的是所有參加者都不約而同地表示：「我對Snow Peak的產品品質很滿意，可是……」那麼，究竟有哪些但書呢？

因應「太貴了」、「不夠齊全」的意見，進行大改革

第一種但書是「Snow Peak的產品太貴了」。

雖然很貴，還是買了；對使用者而言，這純粹是因為「製作高端產品的品牌只有Snow Peak」，沒有其他選項之故。使用者認同產品的價值，但「還是覺得太貴了」。當時Snow Peak的帳篷定價是十萬日圓，但由於是透過批發商銷售，無法控制價格。大多時候，店面是以「打八折的八萬日圓」銷售，即使如此，顧客依然覺得「太貴了」。

另一種但書是「沒有貨色齊全的店」。

當時包含經由批發商鋪貨的商店在內，我們約有一千家合作夥伴，卻沒有半家店齊備所有產品。某位參加者表示「我家附近有五間店在賣Snow Peak的產品，可是沒一間有賣我想要的產品」，其他參加者也點頭附和。非但如此，由於是透過批發商鋪貨，當時的經銷商裡，甚至有些形象與高端相距甚遠的商店。

對我而言，這兩種意見都是極為強烈的回饋。我鮮少失眠，那一夜在帳篷裡卻是徹夜難眠。我在帳篷裡一直思考回饋意見的內容，覺得無論如何都要設法解決這些問題。

不過，就算要降價，使用者對於品質基本上是滿意的，所以不能降低品質，必須在維持品質的前提之下壓低價格。剛進軍戶外用品市場時，我們靠著生產十六萬八千日圓的帳篷，開拓了高端市場；不過，光是如此，是很難拓展市場的。還不如將價格再壓低一點，每年吸引新顧客上門，反而比較可能創造新商機。戶外活動的樂趣變得越廣泛，顧客就會購買更多必要的產品。

同時，還得留意產品陣容。比方說，打造開車移動三十分鐘就能買齊所有 Snow Peak 產品的銷售網。回饋意見的課題相當重大，必須從根本重新審視現在的做法。

隔天，我離開露營地，從本栖湖開車返回新瀉的路上，在長野一帶下定了決心。要讓價格變得更加親民，只能停止跟批發商交易，刪減流通成本。試算過後得知，若是改成直接交易，經由批發商以八萬日圓賣出的帳篷就可以改用五萬九千八百日圓銷售。至於產品陣容問題，如果以每五十萬人商圈設立一門市的比例在全國各地展店，只要開兩百五十間門市，就能夠建立不缺貨的有效流通管道。一旦建立直接交易的專賣店網路，就能完美解決使用者提出的兩大命題。

不過，這等於要改變目前的銷售戰略，因此員工都抱持懷疑的態度。即使如此，我還是表明：「我並不是想改變，而是想不出其他的辦法。如果你們反對，就提出其他方案來。」說服了大家。

當時露營在戶外用品業界開始迅速退燒，對於 Snow Peak 而言可說是件好事。

批發商和零售店都認為「露營風潮已經結束了」，因此對於Snow Peak改變流通方式的做法，都抱持著「反正這門生意已經做不下去了，沒差」的態度。我們就利用這股氛圍，一口氣切換了銷售網。

我親自拜訪停止生意往來的批發商，說明原委；有些批發商對我說：「你知道我從你爸爸那一代開始，就替你們做了多少事嗎？」「連一點感謝之心也沒有，真薄情。」「不靠我們批發商，你以為你能在戶外用品業界生存下去嗎？」

即使如此，站在使用者的立場，我不能回頭。

另一方面，為了建立直接銷售網，我們列出了每個地區「如果這家店變成正規代理商，就能夠打造理想的銷售網」的零售店，而我也和員工一起跑遍日本各地談生意。只要是圈內人，都知道是Snow Peak帶動了汽車露營的風潮；各地經營者都肯定Snow Peak是「改革業界的先驅」，認真看待，因此生意談得相對順利。說來幸運，起先列出的二百五十家店全都同意成為代理商。

做飯和吃飯是
戶外活動最大
的樂趣！

從二〇〇〇年的旺季開始，我們將流通方式從過去的經由批發商切換為與正規特約店直接交易。回首過去，一路走來相當辛苦，是使用者的話語支持著我們。

既然決心改革流通方式的動機是使用者的回饋意見，不管別人怎麼說，只要使用者的話語是正確的，營業額應該就會成長。事實上，雖然銷售店面驟減至四分之一，但是營業額卻從二〇〇〇年起再度往上攀升。

二〇〇三年，我們開始成立Snow Peak商店的直營門市。不只如此，從二〇〇五年起，我們以高階正規特約店為中心，成立了店內賣場型的Snow Peak商店。

在Snow Peak商店裡，每個員工都支撐著品牌。雖然所有員工都熱愛Snow Peak，熱愛戶外活動，但既然同為Snow Peak商店，就必須提供同樣的服務。我常對店長說：「不能讓客人覺得去你的門市很不愉快，去隔壁門市開心多了。」

展開新銷售模式

從二〇一四年起，我們開始以全新的店中店型態展店。

合作的零售店劃出十五坪左右的空間，供我們設店。和店內賣場的不同之處，在於店長並非Snow Peak的員工。店中店是由合作夥伴派遣專人管理。

為了維持銷售水準，專人必須比照Snow Peak的員工，除了參加露營研習以外，還得參加產品的相關研習，同時了解Snow Peak的企業宗旨；學會員工該知道的事，成為Snow Peak認可的「Snow Peak大師」，才能從事銷售工作。

若是用過去的手法，或許會有對於合作夥伴而言市場沒有大到足以開設店內賣場，或是由Snow Peak派遣員工常駐店內並不划算的情況。不過，店中店是由合作夥伴的員工負責銷售，成本門檻低，較容易展店。我計畫在早期階段開設四十家店中店。

徹底解說

Snow Peak 商店

Snow Peak商店的直營門市加上店內賣場合計約有60間。由員工擔任店長，所有Snow Peak的產品都可以在這裡買到。

與門市工作人員合影。直營店除了員工以外，也有雇用工讀生。

在店面重現具體的場景，提供顧客各種場面的需求建議。

宣傳詞也格外講究，力求淺顯易懂地表達產品的魅力。

將產品與照片板放在一起展示，傳達實際上在戶外使用時的印象。

將帳篷上下顛倒擺放，充滿玩心的展示方式格外引人注目。

訪問門市，與員工對話，並將因此得到的「啟示」應用到經營之上。

Chapter 4

工作後露營！的工作型態

將自然指向的生活型態落實到辦公室設計中

要了解在Snow Peak工作的意義，最快的方法就是參觀位於新潟．燕三條的總公司。

總公司離JR上越新幹線燕三條站約有三十分鐘的車程，周圍是綠意盎然的矮丘地帶，原本是為了興建牧場而開闢的，占地約五萬坪。為了供使用者參觀，我們安排了繞辦公室內一圈的參觀路線。雖然可能得出遠門，如果有機會的話，請大家務必前來參觀。

Snow Peak將總公司稱為「總部」。把總公司設在這裡，是二〇一一年的事；在那之前，總公司是位於市區。不過，為了朝著企業宗旨「提倡並實現自然指向的生活型態」持續邁進，我毅然而然地決定遷移。

辦公室前方就是露營地！

總公司前方就是「露營地」。更正確地說，是五萬坪的露營地中有一千六百坪的總公司設施。直營的露營設施從春天到秋天都是綠意盎然，冬天則會被雪覆蓋，化為銀色世界。無論是什麼季節，只要是天氣良好的日子，都可以眺望周圍的群山。一年不分四季都會舉辦擁抱大自然、向大自然學習的活動，有許多使用者參加。我和員工也常常在露營地搭帳篷，享受戶外生活。對於在Snow Peak工作的人而言，戶外活動即是如此貼近日常生活。

公司大樓共有地上兩樓及地下一樓，由於蓋在斜坡上，從某些角度看來宛若有三層樓，構造十分獨特。與自然調和的近代形式是最大的特徵，因為我想「打造前所未見、夢寐以求的辦公室」，所以才成了現在的形狀。Snow Peak在開發產品時絕不模仿競爭對手，建設總公司大樓時也一樣，徹底追求原創性。總公司大樓榮獲日本經濟新聞社與新辦公室促進協會聯合主辦的「日經新辦公室獎」首獎「經濟產業大臣獎」，受到了高度肯定，有不少企業前來參訪。

從企畫、生產到銷售，一應俱全

總部除了開發部門以外，還有負責產品維修的售後服務、營業、管理等部門，同時也附設了工廠。雖然生產大多交給地方上的燕三條協力工廠，但是為了在自家公司傳承製造業的技術與概念，還是設置了工廠。工廠內有好幾台專業加工機，用來生產長期暢銷商品「焚火台」。

同時，總部也附設了齊備所有 Snow Peak 產品的「Snow Peak 商店」。這是五家直營店之一，具備日本首屈一指的規模。換句話說，總部裡從開發、生產到銷售，全都一應俱全。

走進建築物裡，就能感受到運用自然光打造的明亮感。既然公司生產的是讓使用者度過歡樂時光的產品，設計這些產品的員工當然也得在舒適的環境之下工

國際營業部門的今井惠美子小姐。「我覺得這是個可以自由發揮的公司。」

作。為此，我採用了寬綽的格局，辦公室內從不放置多餘的物品。

身為生產高端產品的公司，辦公室器材的設計與功能當然也經過精挑細選。我們重視個人自由，有許多員工是拿平衡球代替椅子。

不過，無論辦公室環境再好，長時間專心工作，總會有需要轉換心情的時候。在Snow Peak，只要踏出辦公室，就是豐饒的自然世界；不過，為了提升工作舒適度，我最近在辦公室裡增設了伸展機。員工每天可以在上班時間裡任選三十分鐘自由使用伸展機。伸展身體，可以簡便地獲得放鬆效果，有助於繼續專心工作。

公司裡也開設了專用健身房。健身房裡有好幾台健身器材，員工下班以後也可以自由使用，鍛鍊身體，轉換心情；除此之外，還有電視和沙發，供員工休閒。之所以設置這些設施，是因為要打造令使用者感到興奮的產品，員工自己也必須處於活力充沛的狀態才行。

採用自由座，規定每天都要更換座位

辦公室採用自由座。最近這樣的公司越來越多，而在Snow Peak，則是規定每天都要更換座位，不可以坐在同一個人的隔壁。

Snow Peak並非大公司，卻也分成了好幾個部門，若是順其自然，往往只會和同一部門的人交流。這樣一來，不但員工無法發揮具備的多種技能，經營者也無法完全活用公司裡的資源。

為了避免這種弊端，我徹底執行自由座制度，讓不同部門的員工可以自然而然地互相交流。管理階層的座位也在同一個區域裡，因此每天都可以和各種職位與部門的人並肩工作。實際上，員工也確實跨越了部門與職位的藩籬，輕鬆自在地交談。這種制度的效果開始以各種形式顯現出來。

品牌的成長取決於員工的成長

截至二〇一四年三月，在Snow Peak工作的員工約有一百六十人，而我記得所有員工的長相和名字。為了知道每個人擁有什麼樣的興趣，我常觀看員工的臉書。

至於員工的出身背景，雖然總公司位於新潟．燕三條，但是新潟人只占兩成，絕大多數都是來自於其他都道府縣。透過產品的魅力，喜愛戶外活動的人從全國各地聚集而來。光看總公司，員工共有五十人，本地人占十五人，其餘三十五人都是外地人，幾乎不帶新潟的地方色彩。

公司裡，正職員工占了九成；男女比例是男性七成，女性三成。若以部門分類，人數最多的是全國各地的門市員工，但是隨著事業規模擴大，這陣子也補強了管理部門的員工。平均年齡三十六・九歲，中途錄用者約占九成；幾年前，我開始致力於錄用應屆畢業生。

工作結束就去露營，然後再進公司

如前所述，我們生產的是讓使用者開心的產品，所以我很早就開始留意員工的工作方式。舉例來說，Snow Peak是在八七年導入週休二日制，就是在我進公司的隔年。

進入Snow Peak之前，我是在外商公司工作，當時還是社會新鮮人，就已經享有完全的週休二日了；然而，一進家父的公司，卻變成只有星期日放假，還記得當時大吃一驚：「怎麼會這樣？」後來我向家父進言：「我們是提倡戶外活動的樂趣與玩法的公司，一週只休一天，要怎麼玩？」才改成週休二日。

員工都是喜愛戶外活動的人，我希望大家都能多多使用Snow Peak的產品，因此訂定了員工優惠價，讓員工購買自家產品時可以享有折扣。使用優惠價購買產品的人很多，員工時常出外露營或登山。

有些在總公司工作的員工下班以後並不回家，而是在前頭的露營地搭帳篷過夜，隔天再進公司工作。當然，並不是每天都這麼做；不過，在東京或大阪工作的人無法想像的工作方式，在Snow Peak卻是可以實現的。

大多數的員工都會在工作之餘充分地享受假日。有些員工會請長假去遠方出遊，不過多半都是在星期六出門去近處的地方露營，星期日再回來。每年在戶外過上二、三十晚的員工不在少數，其中全年露營天數最多的就是身為社長的我。

雖然特休消化率未達百分之百，至少Snow Peak不是很難請假的公司。

宛若Snow Peak劇團般的一體感

Snow Peak向來只做自己想要的產品，在商業面上或許有過於理想化之處。

然而，理想不能當飯吃，身為企業，必須拿出成果來，也必須打造能夠獲利的體制。理想與經營必須兩者兼顧。不過，戶外用品本身就是門高度文明化社會的問題解決型生意，要兼顧應該不成問題。

Snow Peak 的存在理由在於讓戶外活動愛好者感到幸福；為了與使用者充分交流，必須打造暢所欲言的氛圍，說得更積極點，就是讓使用者參與 Snow Peak 的企業活動。Snow Peak 提供的產品和服務確實讓使用者的人生變得更加豐富、更加幸福。我們的生意，就是建立在提供闔家歡樂、療癒身心的價值之上。

我希望員工工作時也有這樣的感覺。

實際上，在 Snow Peak 總公司的露營地舉辦活動時，就算是會計人員，也會理所當然地與使用者面對面；隔年，同樣的使用者再次參加活動時，也能記得對方的長相，一起聊天。

即使是在其他地方舉辦的活動也一樣，無論會計或總務，甚至連在工廠或倉庫工作的員工都會像「Snow Peak 劇團」一樣全體出動，和使用者面對面。這種一體感已經成了企業文化，Snow Peak 也成了與使用者交流理所當然的公司。

應屆畢業生不可或缺的條件

在知名度高漲、媒體曝光率也跟著增加的現在，「想進入Snow Peak工作」的人越來越多了。接下來就來具體說明錄取資格。

應屆畢業生是經由網路招募，每年大約有一千人應徵。現在全國各地都有人手不足的傾向，尤其在地方上更為強烈；不過，由於喜愛戶外活動的人從全國各地前來應徵，Snow Peak從未因為招募不到人而傷腦筋。我們在東京與大阪召開說明會，進行兩次面試。第一次是由總務部門進行面試，第二次則是包含我在內的管理階層。

面試的時候，我會從綜合角度來觀察應徵者的資質。在關注「喜歡戶外活動嗎？」「喜歡Snow Peak嗎？」的同時，我也重視「能否自主行動」、「能否和周遭的員工和睦相處」等特質。

說得更詳細一點，就是關於戶外活動，若是只在履歷表的嗜好欄上填寫「露營」，是很難被錄取的。因為Snow Peak對只把戶外活動當嗜好的人沒有興趣。「熱愛戶外活動」是最重要的條件。Snow Peak的狂熱使用者很多，確實表達產品特徵的能力格外重要，因此我不會錄取毫不關注Snow Peak的人。必須從一開始就知道Snow Peak是什麼樣的品牌才行。

最近的招募活動之中，最引人注意的就是自稱「從小就用Snow Peak的產品露營」的人。開創汽車露營生活型態至今已經過了二十五年，也有學生表示全家都是使用者，「爸媽交代我一定要去Snow Peak上班」。正因為如此，只有「露營過一、兩次」的人，是很難通過面試的。「戶外活動即是生活型態」，是最低條件。

能夠一起在機場的長椅上度過一夜嗎？

Snow Peak執著於開發原創產品，員工必須自主性地探尋前人未踏之地。由於只能在處女地前進，進公司以後無法發揮自主性的人是很難勝任工作的。

沒有其他人幫助就無法工作的人派不上用場，必須懂得思考「自己能做什麼」才行。

面試的時候，我們和大多數的公司一樣，會詢問：「為什麼來應徵我們公司？」「進公司以後，你能做什麼？」除此之外，我還常問：「如果錄取你，對公司而言，有什麼錄取其他人沒有的好處？」這時候，應徵者必須要展現自己的自主性，比如學生時代從事過各種志工活動，具備自主性等等。

至於面試的另一個重點——與周遭的關係，老實說，在十幾年前，我認為「只要有能力，不必太過重視性情」，誰知用這種標準錄取的人卻沒有活躍的表現。在經歷了這樣的經驗之後，現在我認為具備心理上的優點，比如「溫厚」、「善良」、「讓人放鬆心情」等等，能以某種形式對周遭產生助益的人才能夠勝任工作。

聽說美國的大型科技公司Google在招募人才時，是以「如果發生意外狀況，必須在機場的長椅上過一夜，你是否想跟這個人待在一起」為錄取基準。在

負責開發的長妻正人先生。
「無論是意象設計或實物設計都由我一手包辦，製作自己想要的產品。」

Snow Peak，觀察應徵者的性情時，也參考了這個手法。

包含我在內的董事會成員都是基於同樣的條件積極錄取想要一起工作的人。我們完全不在乎應徵者是什麼學校畢業的，過去錄取的人之中，有不少是「錄取了以後才去看校名是什麼」。

針對新進員工舉辦露營研習

開發是競爭力的泉源，所以我會和相關部門商量，盡量錄取「進了公司一定大有可為」的人才。美術大學畢業的應徵者很多，其中也有看了作品集裡的素描以後，讓我覺得「或許這個人可以改變社會」，或是「這樣的人才符合時代的要求，正該在Snow Peak工作」的人。若要問我「是從哪一點判斷的」，我很難回答，只能說是「感性十分豐沛」。這個領域人才越多越好，只要有「不可多得」的人才，我一定會錄取。

錄取者在正式進公司之前，會先參加二月在總公司前的露營地舉辦的三天兩夜雪地露營。不只如此，進了公司以後，還有新進員工研習的一環——露營研習。

大家都是喜愛戶外活動的人，因此都有搭帳篷的經驗，但要問是否達到了在戶外用品公司工作的專業水準，可就不一定了。因此，透過研習，確實地轉移露營相關知識與技術，傳授 Snow Peak 式露營法。

讓所有新人在初期階段就學會指導者應該具備的露營技術。這麼一來，不僅能夠替顧客提供妥善的服務，也可以站在使用者的角度進行思考。

最近也有應徵者是因為「覺得 Snow Peak 的產品時尚帥氣，所以想進公司工作」，但光是如此，是很難被錄取的。因為這種類型的人只是想寄生在品牌之下而已。

這樣的員工一旦增加，公司就會缺乏自主性的行動力。員工必須靠自己的力量提升品牌的價值。就這層意義而言，Snow Peak 是間嚴格的公司。

還有一種情況，是錄取以後才發覺對方並非我想像中的人才。面試時說要

「打造品牌」，實際上卻是寄生在品牌之下。這樣的人即使被錄取，由於身邊都是「靠自己打造品牌」的員工，不久後就會變得格格不入；因此，損毀品牌的員工往往會自行離開公司。

中途錄用以即戰力為對象

我認為人才最好是找應屆畢業生，從頭開始培育。不過，由於Snow Peak的成長速度很快，有時候光靠應屆畢業生無法支應。兩、三年前不需要的職種，現在卻變得需要的情況也時常發生。因此，我們隨時以即戰力為對象，中途招募人員。

這陣子中途錄用的員工以管理總部的相關職務居多，比如持有公認會計師資格的經營企畫部人員、擁有實務經驗的勞務管理人員、會計人員等等。包含總務、會計、系統的管理總部人數原本不多，光是這兩年就增加至近三倍。

此外，最近開發部門中途招募了平面設計師。從前沒有專屬設計師，型錄和

國內營業總部的大沼直也先生。「工作與自己熱愛的戶外活動有關，做起來格外有成就感。」

手冊都是發包製作，成本很高；與其如此，不如和徹底染上 Snow Peak 色彩的人才一起製作。

不光看實績，「今後能做什麼」才是重點

中途錄用採取兩種方式，一種是委託人力銀行徵才，一種是經由徵才雜誌招募。

不過，也有人無視招募職種與時期，自行前來應徵，最後獲得錄取。舉個實例，有某個營運官原本就喜愛戶外活動和露營。

他是新潟人，早就在考慮轉行；當時 Snow Peak 並未招募人員，但是想進 Snow Peak 工作的他不但寄來了履歷表，還親自打電話過來。起先我拒絕了，可是他堅持「至少見個面」；後來我勉為其難地面試他，才知道他是個具備自主性的人，而且擁有 Snow Peak 今後需要的知識與經驗。於是乎，最後我錄取了他，現在他表現得非常活躍。

另一方面，中途招募人員時，無論對方的實績多麼優秀，都不會光憑「過去的資歷」錄取。

關鍵始終在於「今後能做什麼」、「能否自主行動」。有時候，會有擁有國外ＭＢＡ（工商管理碩士）學位或是在知名企業工作的人前來應徵；雖然他們的資歷充滿魅力，但是實際面談過後，卻發現完全不合適。

此外，無論資歷再怎麼顯赫，對於戶外活動興趣缺缺的人也很難被錄取。我面試到這種人的時候，總會暗想：「他的確很優秀，不來Snow Peak，也還有其他可以發揮長才的地方吧！」

過去的資歷在中途錄用時只能當作參考，重要的始終是「今後能做什麼」。

每天確認日報，關注每個人的成長

為了促進員工成長，Snow Peak規定所有人在下班前都必須寫日報。我指導員工，不只要寫「發生了什麼事」，還要寫下自己是「如何思考、如何行動」。寫好的日報會放上群組軟體，與全公司共享。我每天都會閱覽每個人的日報。露營的時候，原則上我是不工作的，唯有確認日報例外。為了日報，我隨身攜帶筆電，只要處於可以上網的環境，就會進行確認。沒寫日報的員工會被扣分，而我也會透過上司督促他寫。

日報是業務的一環。公司要求員工寫日報，如果我用草率的態度對待，員工會不開心，覺得：「你又不看，幹嘛叫我們寫？」所以我一定會看。

為何我如此注重日報？日報的效用，在於每天持續閱讀，就可以清楚地看出每個員工的成長。

Snow Peak的日報系統可以填寫評論，因此，當我發現某個員工「和去年相比，今年成長了許多」、「是自行思考、採取行動的」，就會在他的日報留下評論。這種時候，我會用「〇〇確實實現了。看到你的成長，我感到很欣慰」的形式，坦白地表達自己的感想。不僅如此，我也會將感想告知員工的上司，透過上司轉達我對員工的讚美。這麼一來，員工就會知道「社長和上司有在關注我的表現」，一來可以提升員工的幹勁，二來每個人受到讚美時都會很開心，心態也會變積極。

可以看見門市的課題與該實施的對策

日報的功用不只在於培育員工。持續閱讀，有時也能找出門市營業額無法成長的理由。

銷售數據與集點卡數據固然重要，但光靠這些數據，無法了解員工的詳細行為。相較之下，結合數據與日報，就能看清具體的現場課題。反過來說，要是沒有日報，對於實際距離較遠的門市，就很難做出適時適當的處置。有些經營者對於日報抱持否定的態度，認為「不管是對於看的人或寫的人而言都很麻煩」，我卻認為再也沒有如此方便好用的重要工具了。

有時我會在日報裡留下嚴格的評論，連寫法本身都可能成為評論對象。我會明確地表達：「這是種對於工作毫無自主性的寫法。請你描述自己打算怎麼做。」如果內容不夠充分，我也會告知員工的上司：「他的日報寫法有問題，有寫跟沒寫一樣，請你好好指導他。」

為了讓這個先進的措施能夠有效地促進業務順暢化，員工可以閱讀其他人的日報，而我也可以透過對某個員工的評論，將觀點分享給所有員工。比方說，針對某員工留下嚴格的評論，就能正確地向公司內部宣示「沒有自主性的工作態度違反 Snow Peak 的企業文化」。

除此之外，Snow Peak 也致力於員工研習。我們聘請訓練與邏輯思考的專家

離開忙碌的都會，躺在
綠地上，被陽光與青草
香包圍。

來公司，進行研習。至於經理部分，則是針對新任者定期舉辦研習。

「明確表達」的態度也會反映在評價制度上

接下來談談員工的待遇。

首先是關於升職。進公司以後，會依照任務領導人、經理、資深經理的順序逐步升職。就大致上的印象來說，快的話大約二十五歲左右就能成為任務領導人，經理以三十～三十五歲為中心，資深經理則是三十五～四十五歲。有時候也會進行拔擢人事，讓年輕員工跳級晉升為經理。董事則是五十幾歲的二人，四十出頭的二人。

至於薪資體系，依照工作表現，獎金金額有極大的差異。

基本上，我是個「做得好就稱讚」，做不好就明說「因為這個理由，你採取的行動是不適當的」的經營者；評價制度也反映了這一點，我會仔細觀察員工是否確實執行自己的份內工作，並反映到獎金之上。舉例來說，我用S、A、B、

C、D五階段來評價負責銷售的店長，如果成績優良，就能獲得相應的報酬，但如果成效不佳，就只能拿基本額。說得更淺顯易懂一點，同樣年齡的人，有的人獎金只有三萬，有的人卻有一百萬。此外，若是拿到D，就必須降級，連兩年拿C也得降級。換個說法，店長的行動評價基準就是能否讓使用者笑逐顏開。「採取這種行動，使用者就會展露笑容」、「沒做到這一點，就會失去笑容」。基準始終是建立在使用者的立場之上。

同一個職位設有一定的薪資範圍，但是薪資表卻會因為升級而大幅變動，升職與薪資是互相連動的。就這層意義而言，Snow Peak的薪資體系是採取實力主義。雖然嚴格，但不採取這樣的措施，努力的員工就得不到回報。

至於評價的方法，我直接評價的只有管理階層和營運官，其他員工是由各自的本部長評價，最終由我簽核。各部門的評價以一次考核、二次考核的形式審慎進行，並將結果加以回饋。從前，是由我親自面試全體員工，決定評價；但隨著企業規模擴大，我覺得「要繼續評價全體員工有困難」，因此在三年前改成了現在的形式。

在社長朝會上致詞

最後介紹公司內部的活動與措施。

所有活動之中，我最重視的就是經營計畫發表會；配合十二月決算，於年底在總公司舉辦。這一天是一年一度的大日子，平時鮮少有機會齊聚一堂的門市員工也會盡可能出席，幾乎所有員工都會到齊。

約花費三小時發表明年的計畫，其中一個半小時是由我來說明明年的方針。這是個寶貴的機會，因此我會格外留意，用自己的方式，簡單明瞭、充滿熱忱地發言。發表會結束以後，我們就會從綠意盎然的總公司出發，前往深山裡的溫泉，舉辦過夜尾牙。在這個時候，會頒發社長獎等獎項。社長獎不只針對業務方面，從事公益性清掃活動等「對公司產生良好影響」的員工也列入對象之中。獎金每人三十萬日圓，二〇一三年有二人獲獎。不過，尾牙的氣氛並不拘謹，這一天大家都抛開禮節，平起平坐，宴會一路喧騰到淩晨三點。

公司活動是以員工和員工家屬為對象，還會不定期舉辦露營活動「Family Way」。平時我沒什麼機會與員工家屬見面，家屬應該也想知道員工做的是什麼樣的工作；為了增進彼此的了解，才舉辦了這個活動。

除此之外，還有一個定期措施，就是每週一早上八點半舉辦的朝會。朝會一開始，大家都會一起唸誦企業宗旨。月初的朝會是「社長朝會」，我會進行致詞，其他朝會則是由任務領導人以上的員工輪流致詞。在社長朝會上，我會針對該月最重要的主題發表演說。

比方某一年的二月，我發表了以下的致詞。Snow Peak從一月起就是新年度，二月是新年度開始一個月後，正好是幾乎快忘了「一年間該做的事」的時期。

如果頭一個月一事無成，這一年可能會就這麼結束。為了避免這樣的情況發生，回顧一月期間做了什麼事，是很重要的。如果和前一年並沒有任何不同，就要立刻做出改變。因此，我詢問在座眾人：「大家是不是都有了改變？」

徹底解說

總部

看見突然出現於寂靜丘陵地的建築物，來自遠方的年輕使用者忍不住頻頻讚嘆：「好炫！」一到晚上，品牌標誌便會亮起來。

總部位於綠意盎然的矮丘地帶，面積約有5萬坪。

明亮的健身房。工作結束以後，也可以自由使用，活動身體。

員工大多是Snow Peak產品的使用者。員工優惠制度也十分完善。

總公司一角設有直營店，具備頂級規模。

負責售後服務的部門，俐落的動作格外醒目。

從總公司參觀路線可以清楚看見工廠內的作業狀況。

辦公室為自由座，員工可以選擇喜歡的座位工作；只不過有個規定，就是不可以坐在前一天的座位上，也不可以坐在同一個人的隔壁。

Chapter 5

在星空底下
淬鍊五感

置身於自然之中，提升判斷力

不知各位讀者有多麼常去露營？

回顧我自己的全年露營天數，過去十年間，少則三十晚，多則六十晚。二〇一三年，我露營約四十五晚。露營必須紮營及拔營，為了充分享受戶外時光，露一次營大多是過兩晚。就次數來看，每個月大約露營二到三次。這些天數不只私人的露營，還包含了露營活動 Snow Peak Way。

最近工作忙碌，私下沒時間外出露營；工作疲勞的時候，就在總公司前方的露營地搭帳篷，隔天再從露營地直接去上班；一年約住了十五晚。

本書的讀者或許以經商人士居多，如果有機會，我希望大家多去露營；而如果時間允許，最好住上兩晚。我相信這會幫助大家找到許多經商方面的靈感。

喜歡露營的人應該知道，在帳篷裡度過兩夜之後，到了第三天早上，身體的律動就會與自然的律動同步。對於我而言，這正是露營的樂趣之一。

舉個例子，日出的時間其實意外地早。除了冬天以外，太陽大概是在清晨四點半到五點之間升起，一到這個時段，我就會自然而然地醒來。因此，露營的時候，我會比平時早起，在清晨五點或五點半離開帳篷。相對地，入夜的時間也比平時更早。到了傍晚，提早吃完飯，喝點酒以後，就想睡了。到了晚上八點，我早已沉入了夢鄉。

露營時的時間和經商時的時間大不相同。到了第三天早上，就會知道自己平時的生活模式與自然的律動其實並不相合。戶外活動就是這樣的娛樂。

Snow Peak以「讓野遊成為人生的一部分」為宣傳詞，而戶外活動與日常生活不同，可說是種原始的生活模式。置身在異於平時的空間，似乎讓我了解了人類天生的律動；換個說法，或許就是「用五感感受」吧！露營替我帶來了這樣的樂趣。

每種天氣與季節都有不同的樂趣

非但如此，由於是戶外活動，露營的條件每次都不一樣。大多數的人都是事先決定好日程才去露營的，但是搭帳篷的時候，不見得都是好天氣。有時候會下雨，有些地方甚至會下雪。我討厭雨天，如果還吹側風，就更加討厭了；冬天的時候，也有些日子教人冷得受不了。即使如此，只要穿上雨具，依然可以露營；正因為有時候條件不佳，晴天時露營感覺起來才會格外舒適。對我來說，無論是什麼天氣，露營都是充滿樂趣。

露營的樂趣也會隨著季節改變。或許用「別有風味」來形容，比較貼切吧！

比如春天的露營，要說什麼最讓我興奮，就是地面逐漸變暖和，令人有種「啊，終於從漫長的冬天變成春天了」的安心感。我是在冬天會積雪的燕三條出生的，現在依然住在這裡，所以看到融雪後地面重現，就會很開心。四月櫻花綻放，五月新綠一齊萌芽。見了這幅景象，有時候我會想，或許大自然也和我一樣興奮。春天的露營，讓人感受到自然的生命力。

夏天與寒冬相比，生命危險較少，小孩也放暑假，比較容易請長假，是露營新手很多的季節。有許多人就是透過夏季露營逐漸適應戶外生活的。也因此，各地的露營地都是人潮洶湧，所以我通常在總公司前的露營地搭帳篷。雖然不常去其他地方露營，還是有各式各樣的樂趣。另外，如果天氣真的熱得受不了，推薦大家去標高一千公尺以上的高原，比較涼爽。

到了秋天，我就會再度到各地露營。賞楓是這個季節最大的樂趣。隨著入秋，天氣越來越冷，空氣也變得越來越清澈，因此星星看起來格外美麗。我很喜歡在秋天靜靜地躺在地上，眺望夜空。

冬天的露營擁有其他季節沒有的樂趣。總公司前的露營地會積雪，周圍化為一望無垠的銀色世界。我希望大家體驗的，是那種極限的肅靜。這種靜謐是冬天獨有的。冬天露營容易讓人聯想到「寒冷」，不過燕三條的最低氣溫頂多就是二～三度，與春、秋季相比，並非極端地寒冷。雪固然冰冷，但是鋪上墊子，隔絕來自下方的寒氣以後，就和春、秋季的露營相差無幾了。除此之外，先人為了舒適過冬而培養的生活智慧也很有意思。舉個例子，每次我把熱水袋放進睡袋腳邊的時候，就覺得「自古流傳下來的東西真的很厲害」。

世上有許多娛樂遊戲，工作時會用到電腦，網路在生活中越來越普遍，上網購買產品的人也日漸增加。虛擬世界急速在地球上擴張，智慧型手機的普及更是助長了擴張速度；在這樣的社會結構之下，倘若置之不理，人類將會越來越依賴虛擬世界。

相較之下，戶外活動充滿了現實事物。任何人都可以透過露營與大自然交流。睡在帳篷裡，晚上可以聽見野獸的聲音，可以看星星、焚火，悠閒地度過自然時光。如果是汽車露營，就可以和家人共享這樣的時光。雖然我們也可以帶著相機或電腦等數位產品到戶外，但我反而比較享受遠離文明的感覺。

感受自然時光，對於經營者也有益處。

當我必須做幾年才會面臨一次的重要決定時，我會去露營，置身於戶外兩、三天，做出心之所向的選擇。我認為淬鍊五感過後做出的選擇，才是正確的選擇。說來遺憾，常去露營的經營者似乎少之又少，在我看來，實在太可惜了。在大自然裡，以不同於經商時的律動生活，不但可以讓心情煥然一新，也可以找回人類天生的感覺。經營是錯綜複雜的狀況交織而成的，很多時候，必須思考讓兩種相反的事物同時成立的方法。商業世界中，經營者過的就是這種日常生活。正因為如此，在戶外度過異於平時的時光，「萬物看起來變得截然不同」、「平面的狀況在改變觀點之後變得立體化」才顯得更為重要。

擺脫辛苦工作

沒有露營的時候，我都是在早上六點半醒來；如果是上班日，就會在早上八點半進公司，並在傍晚六點半離開公司。我一直警惕自己，別過度工作。

老實說，我有段苦澀的經驗。九六年就任社長之後的兩年間，我幾乎都是在

ビジネス入門
これからの「正義」の話をしよう
売れる営業
ファミリーオフィス
NO LIMIT
一歩を越える勇気
奇跡の製造業
ホワイトスペース戦略
ヤギと暮らす
ABOVE PORTLAND
戦略コンサルタント
仮説思考
論点思考
自律チーム型組織
トヨタ式最強の経営
ワークスタイル革命
知識創造企業
次世代生産システム
ブランド・エクイティ戦略
企業ブランド強化の経営戦略
コスト戦略と業績管理の統合システム
なぜ会社は変われないのか
老いてこそ人生
五輪の書
エントロピーの法則
第三の波
超勉強法
成長の原理
楽天家
明治という国家
自然派の休日
日常学のすすめ
速読の英語
bauhaus バウハウス
イントラネット経営
できる大人のモノの言い方
50の名著
国際貿易の理論
市民のための情報公開
世界の見方・考え方
プライシング
特茶

社長室裡擺滿了商業書籍。除了經驗與直覺，山井社長也重視邏輯與理論。

半夜一、兩點回家的。在那之前，我擔任地方上的青年會議所理事長，無法將所有時間都放在本業上；好不容易事情告一段落，終於可以專心於本業，所以每天都埋首於工作中。非但如此，由於我是凡事親力親為的類型，員工受到我的工作型態影響，公司裡瀰漫著一股我不回家，員工也不能回家的氣氛。

要問業績因此上升了嗎？正好相反，是持續下降。不僅如此，這樣的生活讓我的身體狀況逐漸變差，醫師還說我「工作過度」。

為了提升業績而辛苦工作，卻收不到任何成效，這樣的工作方式顯然是錯誤的。身為提供使用者歡樂的戶外用品公司經營者，我打算改變以往的工作型態。

那麼，該怎麼做才好？從前，我參與了公司裡的所有工作；我決定捨棄這種型態，改成「只做有助於提升業績的工作」。具體而言，就是「嘗試新事物」或「拓展現有的生意」，而我認為嘗試新事物比較合我的性子。進行新挑戰時，往往無法一次就成功；但是經歷失敗之後再次挑戰，就能發現不一樣的機會。即使艱辛也要不斷挑戰，比較適合我。當時正好是開始進軍海外的時期，所以我把全副心力灌注在海外事業之上。

另一方面，為了把其他工作交給身邊的人，我也致力於人才教育之上。交接的員工起初似乎有些困惑，但是熟能生巧，久而久之便逐漸適應了。

只做喜歡的產品，建立品牌

若要問我何謂經營，我的答案是「常識的積聚與創造」。卓越的常識或許也可稱為看透原理原則的力量，因此，定型化的理論當然也該加以了解比較好。就這層意義而言，包含杜拉克在內，只要是好的經營書籍，我都會反覆閱讀。

另一方面，經營環境隨時都在變動，隨著事業成長，有時會出現新的課題。尤其Snow Peak是個堅持打造原創產品、試圖「改變世界」的公司，動作往往比周圍快上一步，只能自行思考未來的走向。

這種時候，有別於日本的論文，美國的經營學論文大多可以立即派上用場，幫助我有系統地了解千變萬化的狀況。比如社群網站崛起的時候，美國第一時間就出現了論文，告訴我們會帶來什麼影響，可說是非常好用的經營工具。

保有「自由」的難度與挑戰性

從管理的觀點來看，Snow Peak 一言以蔽之，就是「只做喜歡的事」的經營；換個說法，也可稱為「只做喜歡的產品」的品牌。

「我們站在使用者的立場思考，提供感動彼此的產品與服務。」Snow Peak 遵循這樣的企業宗旨，打造了許多世界首創的產品；既然要嘗試前所未有的新事物，調查過去或現在並無意義。為了創造新的價值觀，我們必須徹底思考。這也可說是「正確行使自己擁有的選擇自由的經營」。

我尊敬的經營者之一，蘋果電腦的史蒂夫．賈伯斯也是靠著這樣的經營方式打造出創新產品的。我一直深深地為賈伯斯的產品著迷，常想：「他是怎麼打造出這麼棒的產品的？」如果同樣的構想能夠傳播開來，無論在任何業界，產品與服務都會變得更加多樣化，機會也會變得更多。

擁有獨特眼光的公司很少，只考慮營業額與獲利基礎而提供產品的公司卻太多了。把思考主軸放在如何對抗競爭公司，完全感受不到「做喜歡的事」的精神——這樣的例子比比皆是，實在令人遺憾。

當然，多數的大企業都有許多優秀的人才，擁有多方面的長處。然而相對地，由於規模巨大，要打造或銷售創新產品反而較為困難。大公司應該要有更大的機會，但他們往往侷限了自己的可能性，選擇在狹窄的領域中生存。

Snow Peak 式海外市場開拓法

常有人把汽車露營當成是在海外誕生的文化，其實這是發祥於日本的露營文化，而 Snow Peak 正是開創者。此外，日本人對於自然的纖細感性也廣受海外好評，因此我就想，何不向海外大力推廣 Snow Peak 的魅力？

同時，考慮到戶外用品製造商的經營，既然國內市場有一定的界限，開拓海外市場勢必變得比以往更加重要。我對於單一產品的行銷完全沒有興趣，不過若不了解整體的市場結構，鞏固戰略，就無法拓展事業。就這層意義而言，海外十分重要。

目前，Snow Peak的營業額約有三十五％來自海外。正式進軍海外是以美國為起點，接下來依序是歐洲、亞洲、大洋洲，共計在二十五個國家銷售。現在仍然是國內的比率較高，約占三分之二；不過，既然日本的戶外用品市場並非占世界的三分之二，今後Snow Peak就會繼續致力於提升海外的比率。

海外市場的可能性也在其他數字獲得了佐證。大家可能不知道，和世界各國相較之下，日本的戶外活動愛好者比率其實算是相當低的。

日本人口約一億二千萬人，就Snow Peak估算，包含登山、露營等所有活動在內，從事戶外活動的人約有一千五百萬人。歐美的比率遠比日本高。

有趣的是，雖然同在亞洲，韓國的比率卻和歐美一樣高。光是登山人口，人口五千萬人之中，就有二千五百萬人喜愛登山。這對於Snow Peak而言，是種很大的可能性。

即使在海外，Snow Peak 同樣不透過代理商進行銷售。我們在當地設立法人，與零售店直接交易。這麼做的理由和在國內一樣，是為了壓低售價，確保產品陣容齊全。透過這種做法，讓海外了解 Snow Peak 的世界觀。

在首爾設置總部休閒廳

Snow Peak 在海外也有展店，其中在韓國約有三十家直營店與店內賣場。首爾有命名為總部休閒廳（HQ Lounge）的當地總公司，只要來到這裡，就可以了解 Snow Peak 的中心概念與產品。現在台灣也開始展店了。

韓國、台灣和日本一樣，視 Snow Peak 為汽車露營的先驅製造商。在當地，Snow Peak 以「開創汽車露營型態的公司」而聞名。

在韓國與台灣，也和日本一樣舉辦露營活動 Snow Peak Way。我也參加過韓國的活動，不過通常是由當地法人的社長或幹部扮演我的角色，從使用者身上獲取關於產品的各種意見，廣泛交流。貫徹企業宗旨，站在使用者的角度，這一點

在新進員工研習中徹底傳授帳篷搭設法，並實地夜宿，體驗Snow Peak式戶外活動。

在海外同樣是徹底執行。

在歐美開拓超輕量市場

另一方面，環顧世界，最大的戶外用品市場是美國，廣受全球戶外用品業界的矚目。只要在美國建立品牌，就可以很快地拓展到全世界。因此，在進軍亞洲之前，我選擇先進軍美國。

然而說來遺憾，汽車露營的文化在歐美尚未普及。歐美流行的是背包旅行或拖車、露營車之類的活動房屋。雖然最終想賣的是汽車露營用品，但是必須先在背包旅行這個既有市場中找出只有 Snow Peak 做得到的事，提升知名度。

在戶外用品的世界中，就算是沒沒無聞的廠商，只要做出好產品，愛好者就會給予肯定並開始使用。做得出好產品就是贏家，就這層意義而言，可以公平競爭。

為了打好在美國的生意基礎，Snow Peak 開發了鈦鍋與小火爐，投入市場。

雖然當初在美國沒沒無聞，卻成了第一個獲得某知名戶外雜誌產品獎的日本製造商，並得以和全美約三百家經銷商合作，知名度也逐漸上升。

背包旅行用品有種分類，叫做「超輕量」。在美國與之後進軍的歐洲，Snow Peak 逐漸於這個領域樹立了高端先進製造商的形象。

五年後的Snow Peak會變成什麼模樣？

身為經營者，透過各種形式對公司內外釋出訊息是很重要的，因為使用者可以透過經營者的態度了解公司。

我是一年露營幾十晚的戶外用品重度使用者，因此常被當成「奇特」的經營者看待，但是使用者卻明白「正是因為如此熱愛戶外活動，才能做出好產品」。也因此，我希望能夠盡量淺顯易懂地釋出訊息。

主動釋出訊息，必要的訊息以後也會自動上門

重視企業宗旨的 Snow Peak 的「武器」，就是身為經營者的我，以及身為企業的 Snow Peak 有三種選擇自由；亦即決定用什麼形式、銷售什麼產品給什麼人的自由。思考如何組合三者，正是經營者的工作。

我曾聽說過決定經營成敗的因素，受外在環境左右的約占四十幾%，剩下的五十幾%則是取決於經營者。在我看來，這代表能夠自由選擇的選項比較多，可見經營者扮演的角色有多麼重要。社會結構與人們的生活方式日漸變化，只要有商機，就必須率先做出改變。

一手創立現在的事業，建立體制，真的很有趣。比起從一慢慢提升到一・一、一・二，我的性子比較適合挑戰化零為一的新事物。

因此，為了收集靈感，我姑且主動釋出訊息，毫不保留地談論經營；因為我知道，沒有發訊力的人是無法接收訊息的。從過去的經驗，接收到我釋出的訊息的人，日後往往也會告知有益的訊息。Snow Peak 是不行銷的公司，勉強說來，身為經營者的我積極釋出訊息，或許算得上是一種行銷活動。

雖然有些經營者對於向外釋出訊息抱持消極態度，不過，就算我說明「Snow

Peak的做法是這樣」，其他公司也無法在一夕之間全數模仿。我認為釋出訊息的好處遠比壞處來得多。

關鍵字：都會戶外用品

關於「如何領導五年後的Snow Peak」這個問題，這陣子我辦了好幾次經營階層訓練營，思考了許久。

在二〇〇〇年至二〇〇九年的十年間，即使市場萎縮，Snow Peak還是以年平均七%的步調逐步成長，毛利率大約有五十%，以後就算市場低迷，應該也能夠繼續成長吧！雖然營業利益率只有六~七%左右，今後我會以超越十%為目標，繼續努力。我認為十%對於品牌廠而言，是條不可或缺的底線。等到達成最終目標二十%以後，Snow Peak就稱得上是強力品牌了。

相較於二〇一三年度的合併營業額四十五億日圓，二〇一八年的目標營業額是三百億日圓，約有七倍。目前員工約有一百六十人，到那個時候，大概會增加不固執於目前的做法，而是改變角度，落實措施。

至五百人左右吧！海外所占的營業額比率應該也會到達一半左右。

正因為公司無法超出目標成長，一直以來，我都是訂定遠大的目標，並從中期觀點擬定策略，逐步朝著目標邁進。

首先，是國內的露營市場。汽車露營在九〇年代前半掀起風潮，鼎盛時期約有二千萬人從事露營活動。當年還是小孩的人現在已經為人父母，養成了闔家露營的習慣。就這層意義而言，汽車露營正在迎接第二波巨浪。

不僅如此，為了實現下一次的成長，我們不能侷限於現在的事業框架中，必須擬定新的事業計畫才行。

從「事」構想，重新審視營業型態

新事業的關鍵字就是「都會戶外用品」。

將 Snow Peak 在戶外用品上所做的事——亦即打造品質卓越的產品——提供給日常生活。我深信使用品質卓越、設計精良的產品，比起使用普通產品更能豐富生活。過去Snow Peak是在野外將人與自然連結起來，現在在都市也要把自然與人連結起來——這麼想或許比較好懂。

若問起「Snow Peak是什麼公司」，對於多數顧客而言，最貼切的答案就是「戶外用品公司」。我要善用這個優勢，提倡新分類。我們已經具備打造產品的能力，今後的重點是將服務也涵蓋在內，建立新的體制。為此，我們必須重新審視營業型態。

Snow Peak向來以透過事業連結人與自然為目標。深入挖掘這種做法的本質，就能看見核心價值——「恢復人類的天性」。我認為Snow Peak的新商機就在這裡。雖然有點老生常談，要提升今後的附加價值，必須將思考基礎從物轉換為事。不是單純地提供產品，而是涵蓋相關服務在內，提供整體性的滿足與快樂。現在構思的都會戶外用品正是在實踐這一點。

用具體的例子來說明吧！比方說，秋高氣爽，想要「在附近的公園吃起司火鍋」。雖然在日本會萌生這種念頭的人寥寥無幾，不過就這個場面來想，倘若是過去的 Snow Peak，或許會付諸行動：「那就來製作起司火鍋的工具吧！」但始終只侷限於產品之上。

切換思路，深入探討

然而，如果是生產都會戶外用品，就要更往前踏進一步。以這個場面而言，「哪個公園的長椅最舒適」、「去這家店，可以用〇萬日圓買齊起司、麵包和鍋具」等資訊也會成為重要因素。

不過，**Snow Peak** 從來沒有做過麵包，也沒有賣過起司。今後，要提供每個家庭在大自然中度過歡樂時光的方法，或許也必須將這些項目列入考量。

這時候，如果被「生產戶外用品的公司」這個頭銜所束縛，就無法產生新構想。就這層意義而言，**Snow Peak** 是個保守的公司；產品雖然創新，事業範圍卻有明確的界線。這固然有其好處，可是我又忍不住暗想：能否針對更廣大的市場或範疇，提供恢復人類天性的方案？

如果能夠切換思路，以「都會戶外用品的起司火鍋權威」身分研發出無與倫比的起司火鍋，或許我們就能提供具備 Snow Peak 風格的方案吧！為了慎重起見，我要聲明一下，這只是舉例，我並不是想轉型成起司火鍋公司。

「讓野遊成為人生的一部分」的宣傳詞，其實就是戶外活動與都會戶外活動的集合體。如果能夠不侷限於現有的戶外用品，進一步開拓都會戶外用品市場，Snow Peak 一定可以更加大幅成長。

敬請各位期待 Snow Peak 今後的新事業。

徹底
解說
燕三條網路

將融成火紅色的鑄鐵倒進模具裡，再經過幾個製程之後，產品就會完成了。

三條特殊鑄工所　內山照嘉社長

燕三條自江戶時代便擁有悠久的金屬加工傳統。由三條特殊鑄工所生產的Snow Peak產品「日本鑄鐵鍋」鍋身厚度僅有2.25mm，不但輕薄得驚人，表面加工之美也是眾所公認。內山社長和山井社長是三條高中的同學，兩人的交情可追溯到二十幾年前的青年會議所時代。「山井社長是個無論對人或對商業都觀察入微的經營者。」

㈱滝口製作所

透過鍛造加工，打造出前所未有的營釘。

瀧口製作所　瀧口榮三社長

加工機的鐵槌聲響徹四周，Snow Peak帳篷用的營釘「鍛造強化鋼營釘」一個接一個地完成。透過生產零件培養出來的鍛造技術，將硬度提升到足以貫穿柏油路面的程度。配合營釘的長度微妙改變生產方法，發揮製造業小鎮獨有的細膩構思。瀧口社長是從山井社長的父親那一代就開始合作的夥伴。「接班以後依然持續活絡地方。」

AIDA
プレス作業主任者
阿部政志
13号機
機械能力
80トン
取扱責任者
阿部政志

燃燒型燈具特有的溫暖柔光受到許多人的喜愛。

島門工業 齊藤直人社長

生產瓦斯燈系列「GP瓦斯營燈」等Snow Peak產品，同時也扮演了統包工廠的角色，整合生產零件的小型加工廠。齊藤社長和山井社長同樣出身自三條高中，大學畢業以後，先到鋼鐵大廠工作，後來才進入父親的公司。和山井社長在三條工業會青年部也常一起活動。「山井社長具備了一旦決定便貫徹到底的信念與行動力。」

Chapter 6

通往白色山峰的歷史

打造不被潮流左右、「堅定不移」的公司

Snow Peak今後也會朝著羅盤指示的「正北方」，以企業宗旨Snow Peak Way為中心，持續前進。

經營有許多轉捩點，每次都必須做出選擇。在A和B之間選擇其一的時候，我都是基於「哪個符合Snow Peak Way」來思考，最後覺得「A才符合」，便會選擇A；覺得「B才符合」，就會選擇B。

這時候的重點，在於如果覺得「A和B都不符合」，千萬不可勉強選擇其一，而是要毫不遲疑地考慮另一條道路C。自立自強，自行思考，發揮自主性。

如同前述這樣，遵循企業宗旨，和使用者一起打造的社群品牌，就是Snow

身為創業者，同時也是山井社長的父親，幸雄先生。Snow Peak繼承了他的「做自己想要的產品」的DNA。

Peak。最後，我要再次記錄 Snow Peak 一路走來的歷程。回顧過去，我進入家父的公司近三十年，起初的十年和後來的近二十年間的公司樣態可說是截然不同。

公司名稱源自五十年前家父的時代

Snow Peak 的歷史是從家父山井幸雄在一九五八年獨立創業，開設了「山井幸雄商店」開始的。

家父開始銷售登山用品與釣具之後，就常趁著假日出遊谷川岳，並將這些經驗運用到產品開發之上；就這層意義而言，和我對於戶外用品的做法十分相近。公司名稱曾一度改為「山幸」，後來又在九六年改名為 Snow Peak。雖然是在我就任社長時改的名，但早在六三年，家父就將 Snow Peak 註冊為品牌商標了，我只是加以沿襲而已。

由於我是獨子，家父從我小時候就一直對我說「以後你要繼承公司」。大學畢業以後，我去外商公司工作，那時家父還交代我「頂多只能在外面的公司工作三年」。

不過，我完全不記得和家父的「約定」。由於我向來尊敬家父，心裡有七成是想著「總有一天要回來」；但是在外商公司上班很快樂，而且當時的工作是開拓新領域，很有挑戰性，因此另外三成的想法是「不回爸爸的公司也無妨」。當時我是這麼想的：如果真的要進家父的公司，沒有「我一定要做這個」的工作，「進了也沒意思。要進公司，就要創設新事業」。

汽車露營這門事業就是在這時候浮現腦海的。

當時正值八〇年代中期，日本經濟大好；透過美國知名社會學家傅高義的著作《日本第一（暫譯，ジャパン・アズ・ナンバーワン）》，日式經營也越來越獲得肯定。不過，整個社會仍然不太成熟，日本的生活給人一種不豐富的印象。在這樣的狀態之中，汽車車輛登記數約有十%是四輪驅動車，SUV更是大受歡迎，讓我預感到新時代的到來。雖然搭乘SUV從事戶外活動的人少之又少，我卻有種感覺：「車款的趨勢反映了社會大眾的心境，追求豐富戶外生活型態的人應該很多。」

總公司前方是一整片的露營地。這裡是汽車露營的聖地，相當熱門。

將刊登特輯的雜誌供奉在佛壇上

於是，我想到了一個點子：如果提倡使用ＳＵＶ露營，或許能在日本紮根。當然，我自己也是戶外活動愛好者之一，早就想要符合ＳＵＶ露營型態的高端產品了。如此這般，找到了「我一定要做這個」的事以後，我便離開了工作四年半的外商公司，在八六年進入了家父的公司，並立即著手開發這個領域的產品。家父的公司過去與汽車露營八竿子打不著關係，但我在上一份工作已經累積了以新產品開拓新市場的經驗，因此沒有任何遲疑。

八八年開始銷售汽車露營產品之後，轉眼間便大受矚目，一如我的直覺，掀起了一陣風潮。當時我還不到三十歲，就站上產品開發的浪尖。某一年，我去了北海道一個月，每天都在測試產品與拍攝型錄用的照片，工作若有空檔，就去飛蠅釣。汽車露營的風潮席捲了整個戶外用品業界，甚至催生了發行數高達五十萬本的戶外用品雜誌。這本雜誌在九二年的某一期特輯之中，將 **Snow Peak** 與海外有力品牌並列為「劃時代品牌」，令我感動不已。這是Snow Peak初次被媒體肯定為一流品牌的瞬間。

接受特輯採訪之後，在編輯作業期間，身為創業者的家父卻過世了，來不及看到不久後發行的雜誌，讓我感到萬分遺憾。後來，我將刊登了特輯的那一期供奉在佛壇上，合掌祭拜。我剛進公司的時候，Snow Peak的營業額是五億日圓，到了九三年成長至五倍以上，達到二十五億五千萬日圓。此時一切似乎都一帆風順。

然而，好事多磨，汽車露營的風潮退去，Snow Peak在九四年至九九年之間都是獲利衰退，九九年的營業額降到了十四億五千萬日圓，與顛峰期相比，足足少了四成。即使如此，我們仍然透過出版型錄等方式，在宣傳方面下工夫，並於九六年推出了長期暢銷商品「焚火台」，腳踏實地地繼續開發產品。這些措施在後來發揮了效果。

灌注了心意的訊息

在國內經濟成長速度趨緩、高端產品市場萎縮的情況之下，選項只有兩個。一個是放棄堅持高端，在大賣場或量販店鋪貨，另一個則是不改變產品的中心概念，開拓新的海外市場。Snow Peak 毫不猶豫地選擇進軍海外。我在九六年代替接手經營的家母就任社長，逐步開拓海外市場，在國內也推出了幾個暢銷的小商品，但依然被從前掀起的巨大風潮及風潮結束帶來的負面效應耍得團團轉。

九八年開辦的露營活動 Snow Peak Way 是轉機。這個活動是起自於某個員工的提案：「看見使用者的臉，才會有幹勁。不如和使用者一起露營吧！」然而，事情並非一帆風順。原本計畫在大阪和本栖湖的兩個會場舉辦露營，日程較早的大阪露營卻因為颱風接近而被迫取消。颱風在營業額已經連降六年的狀況之下來襲，可說是「屋漏偏逢連夜雨」。不過，本栖湖的露營倒是如期舉辦了，在會場裡，Snow Peak 首次與使用者圍著同一道焚火。延續至今的 Snow Peak Way「焚火對話交

訪問使用者帳篷的路上，
天氣暖洋洋的，忍不住躺
了下來。

流」，就是始於本栖湖的露營地。當時與使用者的對談造就了現在的 Snow Peak。

我在二〇〇〇年的型錄寫下了這段心路歷程，作為給使用者的訊息。現在我將訊息稍加潤飾修正，再次抄錄於這裡。

Snow Peak 的正北方

一九九八年，我們決定在大阪・舞洲與山梨・本栖湖兩處舉辦露營活動。Snow Peak Way 戶外生活型態秀——這是 Snow Peak 替展示會取的名字，自九八年起，又加上了「露營地」三字，邀請各位使用者一起共襄盛舉。

Snow Peak Way 具備了許多功用，對於 Snow Peak 內部而言，最大的功用就是讓所有參與的工作人員透過五感理解並重新認識目標所在的「正北方」。

在 Snow Peak 工作的意義是什麼？從各位使用者的笑容思考，全體員工的指標都指向了同一個方向。那就是Snow Peak的正北方。

我們和各位使用者一起實地露營，聊了許多話題，內容涵蓋產品、開發，還有各位使用者眼中的Snow Peak產品品質、價格與購買方便性等等。

概括這些意見，就是Snow Peak的產品品質雖好，但價格太高；想購買Snow Peak的產品，可是在自己的生活圈內買不到。有使用者向我反映：「社長，產品太貴了，這樣不合理吧？」「我雖然買了，可是買得心不甘情不願。」除此之外，還有使用者強烈要求：「去生活圈裡的商場，幾乎都沒賣Snow Peak的產品，希望你想個辦法。」

我希望能夠帶著正確的感性，回應這些認真的意見。雖然Snow Peak勢必得面臨大失血，但是為了各位使用者，我們必須改革創新，這就是Snow Peak的決心。能夠採取實際行動，向提醒我們的各位使用者報告成果，是Snow Peak最開心的一件事。

Snow Peak在二〇〇〇年重新建構了銷售網，透過流通革命，大幅降低售價。我們拿掉了批發商這個環節，並將原有的一千家經銷商縮減為二百五十家，在各地區以一商圈一經銷商的形式打造了銷售網，每家經銷商都有齊全的Snow Peak產品。

在發行這份型錄之前，我們已經先在一九九九年十月長野縣露營地舉辦的Snow Peak Way向各位參加者報告了這個消息，並獲得大家溫暖的掌聲鼓勵。

在九八年，有許多使用者強烈建議Snow Peak開發「客廳帳」。看到自己想要的產品如願開發，並擺在二〇〇〇年的Snow Peak Way會場時，甚至有使用者感動落淚；在這一瞬間，我們切實地感受到Snow Peak正是為了各位使用者而存在的。

我們也正是為了閱讀這份型錄的您而存在並從事這份充滿樂趣的工作。

在Snow Peak Way的會場上，有好幾位Snow Peaker在回家之前對我說：「請和各位員工一起奮鬥，讓公司變得越來越好。我們都在替你們加油。」活動結束後，我和工作人員一起低頭拆卸天幕時，想起了這件事，不禁熱淚盈眶。

Snow Peak是個擁有好顧客的幸福品牌廠，能夠和大家合力經營這門帶給使用者歡樂的生意，我的內心充滿了感謝之情。二〇〇〇年，Snow Peak會帶著煥然一新的心情凝視原點，朝著白色山峰邁進。

我們要讓Snow Peak成為所有使用者都能共同參與的開放性製造集團。為此，我計畫在全國各地舉辦Snow Peak Way。

所有工作人員與經銷商都期待著能和各位使用者見面，暢談各種話題。

Snow Peak是為了使用者而存在的公司，絕不會迷失目標方向。「正北方」，也就是我們的目標，就是顧客的笑容。**Snow Peak**是為了讓使用者的人生變得更加豐富而存在的，今後也會在使用者共同參與、給予批評指教的狀態之下繼續經營下去。

深厚的親情與股票上市

從創業至今一路同甘共苦的山井家成員也在 Snow Peak 工作。家母將社長交棒給我以後，有段時期擔任會長，現在則是擔任顧問。她每天都到公司上班，精神奕奕地忙進忙出。兩個妹妹分別擔任常務董事與內部稽核處長。兄妹在公司裡要扮演哪種角色，我們事前並沒有特別討論過，而是不知不覺間就成了現在的形式。我們兄妹的感情向來好得羨煞旁人，而且合作無間。另外，內人擔任 Snow Peak 公益子公司的設施長，而我的長女最近也進了公司，擔任服裝設計師。她從小就和家人一起露營，熱愛戶外活動，大學和研究所都是專攻服裝設計。我們一家三代都在公司裡工作。

為了承舊啟新，迎接新的挑戰，Snow Peak 這陣子正如火如荼地為股票上市進行準備。我會繼續堅持企業宗旨，提升市場資金周轉能力，打響知名度，打造出讓更多使用者滿意的公司。

除了母親（從右邊算起第二人）和兩個
妹妹（最右邊和最左邊），山井社長的
長女也進了公司，三代齊聚一堂。

Chapter扉頁的Snow Peak產品

p.7
不只小型帳篷，還有寢室帳、天幕等等，各種型態系統一應俱全。

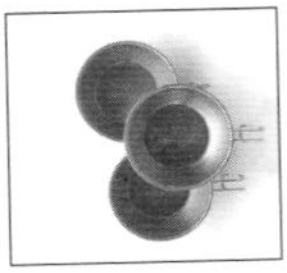

p.15
擁有讓戶外用餐兼具功能性與樂趣的各種產品。

p.55
鍛造強化鋼營釘與營槌 ● 透過鍛造技術打造出的強韌帳篷用營釘，與最適合用來敲打這種營釘的營槌。

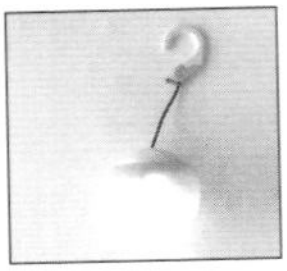

p.101
燈籠花 ● 在搖曳模式之下，燈光會對聲音與風產生反應，搖曳生姿，相當風雅。

p.135
襯衫、褲子、帽子等等，設計了多種適合戶外露營的服飾。

p.171
日本鑄鐵鍋 ● 以日本傳統技術打造出的鑄鐵鍋。洗鍊的造型也很受歡迎。

p.205
GP營燈系列 ● 特徵是燈體小，亮度高。活躍於各種露營場合。

國家圖書館出版品預行編目資料

只做喜歡的事 = The snow peak way / 山井太作 ; 日經TOP LEADER編著 ; 王靜怡譯. -- 一版. -- 臺北市 : 臺灣角川股份有限公司, 2021.11
面 ; 公分

譯自 : スノーピーク「好きなことだけ!」を仕事にする経営
ISBN 978-986-524-431-6(平裝)

1.企業經營 2.品牌 3.品牌行銷

496 110003976

Work Smart 職場學

只做喜歡的事 The Snow Peak Way

原著名＊スノーピーク「好きなことだけ！」を仕事にする経営

作　　者＊山井 太
編　　者＊日經 Top Leader
譯　　者＊王靜怡

2021 年 11 月 10 日 初版第 1 刷發行

發 行 人＊岩崎剛人
總 編 輯＊呂慧君
編　　輯＊林毓珊
設計主編＊許景舜
印　　務＊李明修（主任）、張加恩（主任）、張凱棋

台灣角川

發 行 所＊台灣角川股份有限公司
地　　址＊104 台北市中山區松江路 223 號 3 樓
電　　話＊（02）2515-3000
傳　　真＊（02）2515-0033
網　　址＊http://www.kadokawa.com.tw
劃撥帳戶＊台灣角川股份有限公司
劃撥帳號＊19487412
法律顧問＊有澤法律事務所
製　　版＊尚騰印刷事業有限公司
I S B N＊978-986-524-431-6